# Sprachkurs — Hund

## mit Martin Rütter

Körpersprache und
Kommunikation

KOSMOS

# Sprachkurs — Hund

mit Martin Rütter

# Inhalt

# Zu diesem Buch

„Warum macht er das nur?“ „Das hat er plötzlich aus heiterem Himmel getan.“ Alles Sätze, die ich immer wieder in meiner täglichen Arbeit mit Menschen und ihren Hunden höre. Viele Menschen haben eine sehr innige Beziehung zu ihrem Hund, leben glücklich und zufrieden mit ihm. Jedoch gibt das Verhalten des Hundes ihnen ständig Rätsel auf. Und in den Medien ist leider häufig von der „Unberechenbarkeit einiger Hunde“ zu lesen. Mich erschreckt, dass wir seit über 14 000 Jahren mit Hunden eng verbunden zusammenleben und scheinbar immer noch wenig über deren Verhalten wissen. Viel zu häufig werden Hunde von ihren Menschen, aufgrund von Unwissenheit, falsch verstanden. Aus meiner Sicht ist die Basis eines entspannten und intensiven Zusammenlebens aber, dass man sich versteht. Dieselbe Sprache zu sprechen, sich verständlich zu machen, ist die Grundvoraussetzung für ein friedliches und für alle Seiten glückliches Leben.

Der Husky gehört als Nordischer Hund zu den ursprünglichen Hunderassen. Er besitzt eine ausgeprägte Mimik.

Die Sprache des Hundes lernen: Für eine verständnisvolle Beziehung zwischen Mensch und Hund.

## Hunde sind anders …

Hunde haben eine andere Sprache als wir Menschen. Dieses Buch möchte dir bei der Vermittlung zwischen der hündischen und menschlichen Sprache helfen und als Dolmetscher fungieren.

In all den Jahren, in denen ich mich intensiv mit Hundeerziehung, aber vor allem auch mit Hundeverhalten beschäftige, lerne ich immer wieder dazu. In diesem Buch habe ich meine Erfahrungen und Beobachtungen zusammengetragen. Ich will deinen Blick für hündisches Verhalten, für hündische Sprache schärfen. Dies geschieht nicht nur durch Beschreibungen, sondern auch anhand von vielen Bildern, die das unglaublich differenzierte Kommunikationsgeflecht unserer Haushunde für dich erklärbar und verständlich machen.

Als vollwertiger Sozialpartner für den Hund ist es unerlässlich, sich auf seine Sprache einzulassen und sie zu lernen. Nach dem Lesen wird dir so manches Verhalten deines eigenen Hundes, oder auch anderer, die du täglich auf dem Spaziergang triffst, besser verständlich sein.

Dies ist kein Erziehungsratgeber im klassischen Sinn. Allerdings kann man aus meiner Sicht einen Hund nur dann gut erziehen, wenn man seine Psyche und sein Ausdrucksverhalten kennt und richtig interpretiert. Infolgedessen bin ich mir sicher, dass dir dieses Buch auch bei der Erziehung deines Hundes hilfreich sein wird.

Viel Spaß beim Lesen und weiterhin viel Freude mit deinem Hund, wünscht dir

Martin Rütter

# Der Schlüssel zur Verständigung

**Deinen Hund kannst du nur verstehen, wenn du dich intensiv mit der Hundesprache auseinandersetzt und lernst, hündisch zu kommunizieren.**

Nur so kannst du deinem Hund zu verstehen geben, was du von ihm möchtest bzw. erkennen, was er dir mit seinem Verhalten sagen will. Ein Hund ist nicht in der Lage, abstrakte Ansichten und Meinungen auszudrücken. Sein Verhalten stützt sich eher auf bestimmte Gefühle, Wünsche und Motivationen. Wir dürfen nicht vergessen, dass ein Hund „nur" ein Hund sein kann. Er denkt weder über Vergangenes nach, noch blickt er in die Zukunft – er lebt im Hier und Jetzt. Sprachlich drückt er sich weniger verbal als über seine Körpersprache aus, im Gegensatz zu uns. Nicht nur bedingt durch die Tatsache, dass wir Menschen eher in der Lage sind, unser Verhalten reflektiert zu betrachten, als der Hund dies kann, sondern vielmehr auch aus Respekt dem Hund gegenüber sollten wir so gut wie möglich die Kommunikationsmöglichkeiten unserer Hunde erlernen.

Martin beobachtet das Spiel zwischen der Schäferhündin Milka und der Mischlingshündin Tink.

Die beiden Hündinnen zeigen ein entspanntes, aber durchaus raues Spiel.

Wenn Mensch und Hund sich verstehen, kann jeder die Körpersprache des anderen lesen und deuten.

## Sprache mit vielen Facetten

Ein Grund, warum uns die Kommunikation des Hundes so viele Schwierigkeiten bereitet, ist das schnelle Wechselspiel der Hundesprache. Hatte ein Hund bis vor ein paar Sekunden noch die dominante Rolle, zeigt er sich jetzt „devot“. Dieses sehr häufig schnelle Wechselspiel der Rollen innerhalb des hündischen Beziehungsgeflechts macht die Kommunikation der Hunde so komplex. Das Kommunikationsrepertoire unserer Haushunde besteht aus vielen Facetten und ist weit mehr als Bellen, Knurren, Beißen. Der Satz „Aus heiterem Himmel hat der Hund plötzlich ...“ ist in aller Regel falsch. Uns Menschen sind nur häufig die entsprechenden Signale des Hundes entgangen oder wir haben sie schlichtweg falsch interpretiert. Wir sollten also lernen, Hunde genauer zu beobachten, damit uns all die schnellen und kleinen Signale der für uns doch fremden Sprache nicht entgehen.

**Wichtig**

### Missverständnisse

Die meisten Probleme resultieren aus Kommunikationsmissverständnissen untereinander. Im Laufe des Hundelebens spielt man sich aufeinander ein; man denkt, der Hund verstehe jedes Wort und bemerkt nicht, wie oft man aneinander vorbeiredet. Das am häufigsten falsch interpretierte Signal ist das Rutewedeln, das meist als Freude interpretiert wird. Ein Hund kann jedoch aus vielen Gründen mit der Rute wedeln. Freude ist in der Tat oft die Ursache, jedoch wedeln Hunde auch aus Erregung oder kurz vor einem Angriff. Um die jeweilige Bedeutung zu verstehen, muss der Hund im Gesamten, also in Bezug auf alle Körperteile und im Zusammenhang mit der Situation betrachtet werden.

Dennoch musst du dich nicht gleich wie ein Hund aufführen, denn Hunde erlernen durch das soziale Miteinander mit uns Menschen auch unsere Körpersprache und nehmen uns somit als Mensch wahr. Sie wissen, dass wir keine Hunde sind! Damit Hunde die Körpersprache des Menschen gut lesen und verstehen können, ist es wichtig, dass sie von Welpe an viel Zeit mit dem Menschen verbringen. Denn dann wissen sie z. B., dass von einem lächelnden, also eigentlich „Zähne zeigenden“ Menschen keine Gefahr zu erwarten ist, oder dass der sich freundlich nach vorn beugende Mensch eine angenehme Streicheleinheit verspricht und nicht als Bedrohung kurz vor einem Angriff zu verstehen ist.

## Definition: Kommunikation

Kommunikation (*lat. communicare* = teilen, mitteilen, teilnehmen lassen; gemeinsam machen, vereinigen) bezeichnet auf der menschlichen Alltagsebene den wechselseitigen Austausch von Gedanken in Sprache, Gestik, Mimik, Schrift oder Bild. Im erweiterten Sinn ist Kommunikation das wechselseitige Übermitteln von Daten oder Signalen, die einen festgelegten Bedeutungsinhalt haben, auch zwischen tierischen und pflanzlichen Lebewesen und technischen Objekten oder Systemen.

Tink hat Martin verstanden: Sie setzt sich auf sein Signal, den erhobenen Zeigefinger, hin.

Menschen und Hunde leben seit Jahrtausenden in engen Beziehungen zusammen.

## Sender und Empfänger

Um von Kommunikation zu reden, sind zunächst immer ein Sender, ein Signal und ein Empfänger notwendig. Der Sender überträgt ein Signal zu einem Empfänger. Das Signal trägt dabei die zu sendende Information. An der Reaktion des Empfängers merkt der Sender, ob sein Signal angekommen ist und ob es verstanden wurde. Reagiert der Empfänger nicht oder nicht richtig auf das Signal, sendet er durch seine Reaktion wiederum ein Signal zurück an den Sender, in diesem Fall ist der Empfänger der Sender und der Sender der Empfänger.

Gib deinem Hund einmal das Signal „Sitz". An seinem Verhalten kannst du nun erkennen, ob dein Signal angekommen ist oder nicht. Setzt sich dein Hund, dann weißt du, dass das Signal ihn erreicht hat und dieser es auch verstanden hat.

Bleibt dein Hund stehen oder legt sich hin, gibt er dir dadurch zu verstehen, dass er entweder „Sitz" nicht ausführen möchte oder sich in der momentanen Situation auf dein Signal nicht einlassen kann. Für dich bedeutet das entweder an deiner Beziehung zum Hund zu arbeiten, damit er deine Signale umsetzt, oder aber die Situation zu analysieren und z. B. ablenkende Faktoren oder den Hund verunsichernde Reize zu entfernen bzw. dem Signal entgegenstehende Motivationen zu verändern. Vielleicht hat dein Hund die Bedeutung des Wortes aber auch noch nicht verstanden, noch nicht wirklich gelernt, was „Sitz" bedeutet. Dann musst du noch einmal einige Schritte im Lernprozess zurückgehen und deinem Hund das Signal besser verständlich machen.

Bei sehr alten oder am Gelenkapparat erkrankten Hunden kann es auch sein, dass das Signal aufgrund von Schmerzen nicht ausgeführt wird. In diesem Fall musst du natürlich Rücksicht auf deinen Vierbeiner nehmen; du solltest keine Signale von ihm verlangen, zu denen er körperlich nicht oder nur unter Schmerzen in der Lage ist. Da sich körperliche Probleme durch Gelenkkrankheiten oftmals nicht plötzlich zeigen, sondern sich durch den Verschleiß der Gelenke schleichend entwickeln, solltest du deinen Hund tierärztlich untersuchen lassen, wenn er öfter deine Signale nicht mehr ausführt.

Vielleicht ist dein Hund auch taub und konnte dein als Hörzeichen gegebenes Signal gar nicht empfangen? Sender und Empfänger müssen immer über die entsprechenden Organe verfügen, mit denen ein Signal ausgestrahlt bzw. empfangen wird.

## Mensch-Hund-Beziehung

Seit etwa 14 000 Jahren leben wir Menschen mit Hunden zusammen, haben uns von ihnen vor gefährlichen Tieren und Einbrechern beschützen lassen, sind mit ihnen zur Jagd gegangen, haben unsere Schafe und Rinder hüten lassen und haben letztlich durch Zucht ihre Gene so manipuliert, dass sie für uns zu optimalen Begleitern wurden.

Bis heute ist die Beziehung zwischen Mensch und Hund bzw. Hund und Mensch immer enger geworden, aber das Verständnis für den Hund nicht unbedingt größer. Der Hund lebt mit uns auf „hündisch", egal ob wir ihn verstehen oder nicht. Waren Hunde früher reine Nutz- und Arbeitstiere, die z. B. Haus und Hof bewachten, sind sie mittlerweile richtige Familienmitglieder geworden und dienen nicht selten auch als Kind- oder Partnerersatz. Für viele Menschen ist es daher im Alltag nahezu unmöglich, sich auf die Kommunikationsebene des Hundes zu begeben.

Glücklicherweise werden Hunde kaum noch in Zwingern gehalten, meist leben sie ganz eng mit ihrer Familie, ihrem „Rudel" im Haus und verbringen jede freie Minute mit ihren Menschen. Dieses Leben kommt dem Hund sehr entgegen, denn auch verwilderte Hunde leben häufig in Gruppen. Die meisten Hunde sind keine Einzelgänger, die gern für sich allein leben. Aber dieses enge, gemeinsame Zusammenleben, in dem der Hund ausschließlich als Sozialpartner für die Menschen dient, macht es uns scheinbar so schwer, den Hund als das zu betrachten, was er ist: ein Hund.

### Gemeinsamkeiten von Mensch und Hund

Wie ist es überhaupt zu dieser engen Beziehung gekommen, wieso ist der Hund als einzige von tausenden Tierarten der „beste Freund des Menschen"? Blickt man zurück in die Zeit unserer Vorfahren und die der Wölfe, so versteht man den Grund für die enge Bindung an den Wolf/Hund. Wir sind dem Verhalten der Hunde nämlich gar nicht so fern, wie wir es vielleicht annehmen möchten. Mensch und Wolf leben jeweils in einer Gemeinschaft, gehen in dieser auf die Jagd, um gemeinsam Beute machen zu können, ziehen die Nachkommen gemeinsam auf und kommunizieren über Körpersignale und Mimik. Durch die Zivilisation ist es nur verständlich, dass sich nicht nur an der Mensch-Hund-Beziehung, sondern auch an der Hund-Mensch-Beziehung etwas geändert hat, der Hund als Haustier sozusagen eine starke Aufwertung bekommen hat.

Unser Bedürfnis, das Wesen „Hund" immer mehr zu durchschauen und zu verstehen, wächst. Früher war es den Menschen relativ gleichgültig, was ihr Hund dachte. Solange er seine Arbeit vernünftig erledigte, bekam er sein Futter hingestellt, und wenn er alt wurde, kam schnell Ersatz her. Die Beziehung war bei Weitem nicht so herzlich und innig, wie sie heute meist zwischen Menschen und Hunden besteht. Dies wird auch an den vielen Institutionen deutlich, die sich erst seit einigen Jahrzehnten entwickelt haben und von der Liebe zum Tier profitieren. Hierzu gehören z. B. Hundehotels, Hundepensionen, Hundefriedhöfe oder Hundetherapien.

Und auch wenn Hunde vielen Menschen in den unterschiedlichsten Situationen helfen, sei es in traurigen Zeiten mit Aufmerksamkeit und Wärme, in schwierigen Situationen als geduldige Zuhörer, oder auch einfach nur durch Anwesenheit in einsamen Stunden, darf der Mensch dennoch bei allem eines nicht vergessen: Die Bedürfnisse des Hundes, sein Wesen und seine Veranlagungen müssen immer an erster Stelle stehen. Und wenn dies dann noch mit unseren Bedürfnissen und Vorstellungen zusammenpasst, steht einem entspannten Zusammenleben eigentlich nichts mehr im Weg.

**Wichtig**

### Vermenschlichung

Hunde werden häufig nicht mehr als solche gehalten, sondern oft vermenschlicht. Wir Menschen meinen es gut, beschreiben es als Tierliebe und verstehen oft nicht einmal die wahre Bedeutung, die uns ein Hund mit seinem Blick oder seinem Verhalten zeigt. Die Körpersprache der Hunde wird oft fehlinterpretiert, emotionalisiert, vermenschlicht.

Martin und seine Mischlingshündin Emma haben eine enge und vertrauensvolle Beziehung zueinander.

# Wie Menschen sich verständigen

Bevor wir uns genauer mit der Körpersprache eines anderen Lebewesens beschäftigen, sollten wir uns zuerst einmal über die der eigenen Spezies im Klaren oder besser bewusst sein. Vielen von uns ist gar nicht klar, wie unmissverständlich wir mit unserem Körper sprechen und wie stark wir ihn auch einsetzen können. Wie soll man auf Anhieb die Körpersprache eines anderen Lebewesens deuten können, wenn man nicht einmal die eigene Körpersprache kennt? Automatisch spielen sich Vermenschlichungen ein, da wir die wahre Bedeutung nicht erkennen können oder wollen. Denn viele Menschen sind sich gar nicht bewusst, was sie alles mit ihrem Körper ausdrücken, welche Gefühle und Emotionen sie über die Körpersprache transportieren.

Hunde nutzen hauptsächlich ihren Körper zur Verständigung: Hund links droht dem Junghund.

## Was unser Körper verrät

Wir sprechen mit unserem Körper und reagieren auf die Körpersprache anderer, kommunizieren, ohne dass wir uns dessen eigentlich bewusst sind. Körpersprache bedeutet, dass der Körper mit der Umwelt kommuniziert. Nicht nur Reden ist eine Sprache. Unser Körper kann Verlangen, aber auch Abwehr nonverbal ausdrücken. Möchte der Körper einen Wunsch transportieren, wird der Ausdruck des inneren Bedürfnisses stets diesem entsprechend sein. Reagiert der Körper auf Angebote von außen, kann die Reaktion sowohl positiv als auch negativ ausfallen. Diese Signale werden als Körpersprache verstanden (Molcho, 2001). Auch hier unterlaufen uns sicher einmal Fehlinterpretationen, gerade bei fremden Menschen, die man noch nicht so recht einzuschätzen weiß. Dennoch sind die körpersprachlichen Signale meist eindeutig, ein Verstellen bzw. Täuschen nur schwer möglich.

Ein Wort hat eine bestimmte Bedeutung, aber das Wort allein bildet noch keinen ganzen Satz. Bei der Körpersprache ist es nicht anders. Der ganze Körper spricht mit, bildet sozusagen Sätze. Jeder Körperteil hat verschiedene Ausdrucksmöglichkeiten und sagt für sich gesehen noch nicht unbedingt viel aus. Damit wir eine Sprache verstehen, müssen wir ihre Vokabeln erst lernen. Auch die Körpersprache hat ihre eigenen Vokabeln in den Körperteilen. Die Lautsprache kann lügen, widersprüchlich sein, der Körpersprache ist die Wahrheit anzusehen (Molcho, 2001).

Beim körperlichen Spiel zwischen dem Flat Coated Retriever-Rüden Buck und dem Appenzeller Sennenhund-Rüden Basti werden viele körpersprachliche Signale eingesetzt. Das Spiel ist gekennzeichnet durch Rollenwechsel, mal ist Buck vorn, mal bestimmt Basti das Spiel.

## Aktion und Reaktion

Unterhalten wir uns mit jemandem, so sehen wir ihn automatisch an und beobachten ihn, um Reaktionen ablesen zu können. „Und Reagieren ist eine Form des Agierens. Aktion äußert sich in Bewegung und bedeutet, dass der andere aufgenommen hat, was ich signalisiert habe“ (Molcho, 2001). Reagiert das Gegenüber, heißt es aber nicht zugleich, dass die Botschaft auch akzeptiert wurde. Sie wurde vielleicht nur wahrgenommen, aber es wird nicht explizit darauf reagiert. Hat man nun das Gefühl, sein Gegenüber nicht erreicht zu haben, intensiviert man seine verbalen oder nonverbalen Signale, obwohl man zuvor nicht die Absicht hatte, so deutlich zu werden (Molcho, 2001).

Diese Verstärkung gibt es auch beim Hund, oft hört man: „Er hat plötzlich, ohne zu warnen, zugebissen!“ In Wirklichkeit wurden die vorhergehenden Signale wie z. B. ein Fixieren oder Steifwerden ignoriert oder einfach nicht gesehen. Denn diese Signale werden oft nur kurz gezeigt, sodass der Mensch geübt sein muss, um sie zu erkennen.

Unsere Körpersprache, so wie auch die sämtlicher anderer Lebewesen auf der Erde, ist angeboren. Man möchte es kaum glauben, aber auch in uns stecken noch biologisch begründete Signale von Territorialverhalten, Imponiergehabe und Dominanz. Vergleicht man die nun folgenden menschlichen Verhaltensweisen mit der Hundewelt, wird man auf verblüffende Parallelen treffen.

## Besitzansprüche

Territorial- und Revierverhalten lassen sich nicht nur in der Tierwelt beobachten. Hiermit werden das eigene Revier, der eigene Lebensraum beschützt und gesichert. Tiere neigen dazu, ihr Territorium auf irgendeine Art zu markieren, sei es durch zurückgelassene Haare, in Form von Duftmarken durch Kot und Urin oder durch reine Anwesenheit. Wir Menschen reagieren nicht anders, zum Beispiel,

- wenn wir einen Gegenstand an Stelle eines Haars zurücklassen: Dieses Verhalten kann man z. B. in Ferienzeiten beobachten, wenn Menschen „ihre“ Liege am Pool mit einem Handtuch markieren;
- wenn wir Duftmarken wie Parfüm auftragen und hinterlassen;
- wenn wir unser Revier durch reine Anwesenheit markieren bzw. durch eine ganz spezielle Form von Ordnung und Unordnung: So werden die Gemeinschaftsräume der Familie aufgeräumt gehalten, die anderen, z. B. Kinderzimmer, sind vor lauter Unordnung kaum für andere betretbar.

Ein Beispiel aus meinen Seminaren: Zu Beginn eines Seminars stelle ich die Tische immer in einer U-Form auf. Jeder Teilnehmer sichert sich dann auch sofort einen Platz, der mit etwas Persönlichem gekennzeichnet und nach den Pausen immer wieder aufgesucht wird. Dies ist nichts anderes als territoriales Verhalten, das wir alle kennen. Doch es kommt noch besser: Am zweiten Tag stelle ich die Tische in eine parlamentarische Form um und in 28 von 30 Seminaren fragen mich die Teilnehmer sofort, ob wir die Tische nicht wieder in die U-Form zurückstellen könnten. Die Anordnung und Sicherung eines eigenen Platzes schafft also in allererster Linie Ordnung und verspricht Sicherheit.

### Individualdistanz

Der Begriff des Territoriums ist nicht nur räumlich, sondern auch körperlich zu verstehen. Jeder Mensch hat und auch Tiere haben eine ganz eigene Individualdistanz. Wird diese unterschritten, geraten wir in Stress. Es gibt Menschen, die uns unangenehm auf die Pelle rücken, uns im wahrsten Sinne des Wortes zu nahe kommen. Dieses Verhalten kann man z. B. in öffentlichen Verkehrsmitteln beobachten.

Die Halbgeschwister Lilyen und Jamie kennen sich von Welpe an, sie vertrauen einander. Gern liegen sie eng aneinander gekuschelt zusammen in einem Körbchen.

Betritt man einen Bus oder einen Zug, sucht man sich gern ganz freie Doppelsitze oder Abteile. Kaum jemand wird sich neben eine fremde Person setzen, wenn noch irgendwo eine freie Ecke zu finden ist, dafür durchqueren einige auch ganze Zugwaggons. Nur ungern kommt man Fremden so nah. Bei anderen Menschen, z. B. Sozialpartnern, lassen wir diese Nähe gern zu und suchen sie auch. Individualdistanz ist aber nicht nur abhängig von der Person, sondern auch von der jeweiligen Situation, in der wir und das Gegenüber uns befinden. Bin ich selbst gerade gestresst oder aber gab es vorher eine Meinungsverschiedenheit, möchte ich vielleicht lieber auf Abstand gehen, brauche Zeit für mich, in der ich die Nähe anderer im Moment nicht ertragen kann.

Alles das findet man auch beim Hund, gerade Mehrhundehalter können diese Verhaltensweisen immer wieder beobachten. Hunde, die sich verstehen und mögen, liegen eng aneinandergekuschelt zusammen, gern auch in einem Körbchen, auch wenn der Platz dann eng wird. Doch manchmal braucht jeder Hund einfach sein eigenes Körbchen, will für sich sein, sich der Länge nach ausstrecken und seine Ruhe haben.

### Jemandem die kalte Schulter zeigen

„Wie komme ich einem anderen vertrauensvoll entgegen? Tatsächlich erweckt derjenige Vertrauen, der dem anderen sozusagen seinen weichen Bauch ausliefert. Wer seitwärts, also mit den Schultern voran zu einem Partner tritt, isoliert ihn und sich. Jedenfalls hält er Distanz. Mit jeder Abwendung werden andere Optionen wahrgenommen, der Sicherheitsabstand zum Partner wächst. Wenden wir dem Partner unseren Mittelkörper zu, so wird diese Zuwendung zu Zuneigung und zu größerer Nähe führen. Je näher mir der andere kommt, umso mehr Vertrauen drückt er damit aus und fordert er auch von mir“ (Molcho, 2001).

Der Bauch ist der weiche Teil unseres Mittelkörpers, der nicht überall durch Knochen geschützt ist. Wir schützen ihn instinktiv vor Verletzungen. Auch das Verschränken der Arme vor dem Bauch ist ein Zeichen für „auf Distanz halten“. Man schützt sozusagen den weichen Teil mit den Armen und geht damit auf Abstand zu seinem Gegenüber. Je freier und offener jemand seinen Bauch demonstriert, desto selbstbewusster und vertrauensvoller ist er auch (Molcho, 2001).

Manchmal braucht aber auch jeder seine Ruhe. Daher gibt es zwei gemütliche Liegeplätze für die beiden, sodass jeder lang ausgestreckt und ohne eingeschränkt zu werden entspannen kann.

### Über die Schulter schauen

Ebenso unangenehm wie das Unterschreiten der Individualdistanz ist auch das Über-die-Schulter-Schauen. Wir empfangen zwar auch Informationen mit dem Rücken, aber es sind wesentlich weniger als mit den Augen.

Jemanden in unserem Nacken zu spüren, ist allein schon unangenehm, weil wir sehen möchten, was uns erwartet. Ertragen können wir diese Situation nur dann, wenn wir zu der Person hinter uns Vertrauen haben, sie uns Rückendeckung geben kann (Molcho, 2001). Besteht keine Vertrauensbasis, drehen wir uns lieber um oder gehen weg.

Im Fall des Paares auf dem Foto unten links sprechen die Körper eine deutliche Sprache. Der Mann hat die Schultern angehoben, den Kopf nach vorn gerichtet und die Individualdistanz zur Frau dadurch verringert. Er nimmt eine drohende Stellung ein. Im Gegenzug dazu lässt die Frau die Schultern hängen, weicht mit ihrem Körper zurück und geht auf Abstand zum Mann. Dadurch möchte sie die Situation deeskalieren und ihn damit milde stimmen. Auf dem anderen Foto stehen die beiden Menschen neutral, die Körper sind gerade aufgerichtet, die Stellung ist leicht geöffnet zueinander. Es herrscht eine entspannte, freundliche, offene Atmosphäre.

## Imponiergehabe

Imponiergehabe findet man nicht nur im Tierreich – auch wir Menschen haben das Bedürfnis, Überlegenheit zu demonstrieren. Man macht sich größer, stärker und schneller – „mein Haus, mein Auto, meine Yacht“. Streckt jemand seinen Körper, macht er sich größer; hebt man seine Stimme, möchte man seine Macht, seine Energie zeigen. Wird das Kinn vorgestreckt, zeigt man starken Willen.

### Geschwellte Brust

Die geschwellte Brust gehört zum Imponiergehabe, sie ist reine Effekthascherei. Wer mit geschwellter Brust herumläuft, muss sich unbedingt beweisen. Er wirkt aufgeblasen und angeberisch, möchte aber Kraft demonstrieren. Ist der Brustkasten eingefallen, signalisiert der Körper hingegen mangelnde Energie und Handlungsbereitschaft.

Genauso wie beim Menschen findet man Imponiergehabe beim Hund oft in sexuell motivierten Situationen. Der Rüde, der auf eine – gegebenenfalls sogar läufige – Hündin trifft, legt das Gewicht auf die Vorderbeine, hebt den Kopf stark an und drückt damit die Brust nach vorn. Er läuft trippelnd auf durchgedrückten Beinen und macht sich möglichst groß.

Stefan ist aufgebracht und zeigt dies Silvia gegenüber durch seine Körpersprache.

Stefan und Silvia wenden sich einander zu, sie stehen beide offen und neutral.

Auch beim Menschen findet man Imponiergehabe oft in sexuellem Kontext. Hier möchte Stefan Silvia nicht nur mit seiner Erzählung, sondern auch durch seine Körpersprache beeindrucken: Er macht sich groß und streckt die Brust heraus.

## Dominanz

„Signale von Dominanz gehen stets von oben nach unten. Wer legt dem anderen die Hand auf die Schulter? Wer stoppt den Vortrag des anderen, indem er seinen Arm berührt? Immer der hierarchisch Mächtigere. Wer würde dasselbe seinem Chef gegenüber tun? Wer fällt dem Gesprächspartner ins Wort? Herrschaftssignale auf Schritt und Tritt, nicht angeborene, sondern sozial erworbene. Wer über die Zeit verfügt und das Ende eines Gesprächs bestimmt, signalisiert sein hierarchisches Übergewicht. Ein wichtiges Indiz“ (Molcho, 2001).

### Was Blicke verraten

Ein weiteres Signal des Dominanzverhaltens ist der Blick. Nicht das einfache An- oder Vorbeischauen, sondern der scharfe Blick, und das in Kombination mit weiteren körpersprachlichen Einzelsignalen. Es ist ein System. Man steht aufrecht und straff, mit geradem Kopf, versteiftem Nacken, der Blick ist nach vorn gerichtet. Die Augen werden leicht zusammengezogen, als wolle man alle zurzeit unwichtigen Informationen ausblenden. Die Konzentration sowie die Energie sind auf einen einzelnen Punkt gebündelt. Die Konzentration ist nur auf die Konkurrenz gerichtet, man lässt sie nicht aus den Augen. Früher hätte es einen das Leben kosten können, heute ist

Genauso wie Martin belustigt das Gesicht verzieht, zeigt Labrador Jamie deutlich durch seine Mimik, dass er sich nicht sicher ist, ob er Martin nun näherkommen und sich auf ein Spiel einlassen soll oder nicht.

das System der Zivilisation angepasst. Diese Zielfixierung und genaue Beobachtung fördern die Sprungbereitschaft. Ein kurzer strenger Blick ist auch heute noch eine klassische Drohgebärde und sagt dem Gegenüber unmissverständlich: „Komm mir nicht zu nah!“ (Molcho, 2001).

Hunde setzen solche Blicke ebenfalls sehr häufig ein. Gerade in der Erziehung wird dem Welpen oder Junghund so z. B. beigebracht, wie man sich verhält. Der aufmüpfige Junghund, der die alte Hündin respektlos angerempelt hat, wird strafend fixiert. Stellt der junge Hund jetzt sein respektloses Verhalten nicht sofort ein, folgen weitere erzieherische Konsequenzen, angefangen von tiefem Knurren bis hin zum Stups in den Nacken. Der junge Hund lernt somit, zukünftig bereits beim fixierenden Blick besser beschwichtigendes Verhalten gegenüber dem Althund zu zeigen.

## Mimik

Unser erster Blick bei der Kommunikation mit anderen Menschen fällt auf das Gesicht. Im Kopf laufen alle Sinneswahrnehmungen zusammen, dementsprechend spiegelt sich auch viel im Gesicht wider. Hierzu wird die Mimik eingesetzt. Die Mimik verfügt über zahlreiche Darstellungsformen und kann auch sehr aufgesetzt wirken, z. B. beim falschen Lächeln. Widersprüche sind somit besser und sicherer an den Signalen des übrigen Körpers zu entdecken, sie lassen sich nicht so einfach beherrschen (Molcho, 2001).

Ein direkter Blick bedeutet meist Konfrontation und geht auf Territorialkampf zurück. Das erste Drohsignal wird von den Augen gesendet. Wer die Konkurrenz mit offenem Blick konfrontiert, möchte ihm sein Territorium streitig machen. Wird der Blick gesenkt, unterwirft er sich (Molcho, 2001).

Martin und die Rhodesian Ridgeback-Hündin Abbey vertrauen sich gegenseitig vollkommen. Ein vertrauensvoller Blick zwischen Mensch und Hund symbolisiert eine verständnisvolle Beziehung.

Augenbrauen dienen nicht nur zum Schutz vor Blendung, Staub und Schweiß. Sie sind voller Ausdrucksmöglichkeiten. Bei Interesse heben sie sich, bei Konzentration auf Details verengt sich der Blick und die Augenbrauen ziehen sich bedrohlich erscheinend zusammen, sind wir skeptisch, hebt sich nur die eine (Molcho, 2001).

Dennoch kann ein direkter Blick auch freundlich gemeint sein. Vor allem beim Menschen ist der liebevolle Blick in die Augen des Partners von großer Bedeutung – als Zeichen für gegenseitige Annahme, Vertrauen, Sicherheit. Auskunft über die Intention gibt der restliche Körper – ist dieser offen und einladend, sind Gesicht und vor allem Augenbrauen entspannt, weiß das Gegenüber sofort, dass keine Gefahr droht.

Immer noch herrscht der Glaube, man dürfe Hunden niemals in die Augen schauen. Und tatsächlich, ein Hund, der schlecht in Bezug auf den Menschen sozialisiert wurde, wie es z. B. bei Straßenhunden aus dem Ausland oft der Fall ist, fühlt sich durch einen direkten, aber freundlich gemeinten Blick des Menschen schnell bedroht und reagiert mit Blick-Abwenden, also Unsicherheit oder aber defensiver Aggression. Doch Hunde können unsere Körpersprache erlernen, weshalb gerade die Welpen- und Junghundezeit für Hunde besonders wichtig ist. In dieser Zeit, vor allem in der sogenannten Sozialisierungsphase, muss der Hund lernen, wie Menschen kommunizieren und was ihre speziellen Gesten und Mimiken bedeuten. Denn erst dann kann er entspannt zusammen mit dem Menschen leben und den liebevollen Blick seines Menschen, der von einer offenen Körperhaltung und entspannten Gesichtszügen begleitet wird, vertrauensvoll erwidern.

# Vom Welpen zum erwachsenen Hund

## Domestikation

„Zoologisch gesehen sind Haushunde Säugetiere, sie gehören zu den Landraubtieren. Hierzu zählt man als Familie unter anderem die Bären, Marder, die Katzen- und die Hundeartigen oder Caniden" (Feddersen-Petersen, 1986).

Spricht man vom Hund, so bezieht man immer auch seinen Vorfahren, den Wolf, mit ein. Doch inwieweit ähneln sich diese beiden Tierarten überhaupt, und wurde die Ähnlichkeit mit fortschreitender Domestikation immer geringer? Oder hat man auch heute noch ein Raubtier in seinem Wohnzimmer liegen? Fest steht, dass in jedem Hund die Gene eines Raubtiers stecken.

Allerdings hat sich der Hund durch die Domestikation, also die jahrtausendelange Haltung beim Menschen, einschließlich der dazugehörenden Erziehung sowie der Anpassung an die Umwelt, verändert. Ein Hund muss z. B. nicht jeden Tag sein Leben vor anderen Raubtieren schützen, die meisten Hunde leben wohlgenährt und sicher in den Menschenfamilien. Hunde haben ein hohes Bindungsbedürfnis, sind sehr lernfähig, was sie an wechselnde Umweltverhältnisse sehr anpassungsfähig macht.

Welches Verhalten ein Hund in bestimmten Situationen wählt, hängt von sehr vielen Umständen ab. Hierzu gehören Lernerfahrungen, Motivationen, individuelle Abneigungen, das Wesen des Hundes, das Vorhandensein von Fluchtmöglichkeiten in der jeweiligen Situation und von erfahrenen Konsequenzen des ursprünglich versuchten Verhaltens (vgl. O'Heare, 2004).

Der sechs Wochen alte Labrador Retriever-Welpe erkundet die Welt: „Auf dem Weg ins Leben!"

**Wichtig**

### Domestikation

Hierbei handelt es sich um einen innerartlichen Veränderungsprozess von Wildtieren oder -pflanzen, bei dem diese durch den Menschen über Generationen hinweg von der Wildform genetisch isoliert gehalten werden. Wildtiere werden so zu Haustieren. Dadurch und durch die weitere Züchtung wird ein Zusammenleben mit dem Menschen oder eine Nutzung durch diesen oft erst ermöglicht.

Der 3,5 Monate alte Labrador Retriever-Welpe Leroy liegt vollkommen entspannt im Arm von Martin. Er genießt den Körperkontakt.

## Parallelen und Unterschiede

Deutliche Erkenntnisse lieferten auch die Vergleiche der Lebensformen und Verhaltensweisen von Wolf und Hund. Die ersten Entwicklungswochen verlaufen parallel. So beträgt die Tragzeit bei Wolf und Hund 63 Tage, die Welpen öffnen ihre Augen nach ca. neun bis zwölf Tagen, hören nach ca. 15 bis 20 Tagen und werden die ersten drei Wochen ausschließlich von ihrer Mutter gesäugt. Danach würgt ihnen die Mutter vorverdaute Nahrung hervor und reduziert gleichzeitig das Säugen der Welpen, bis sie es nach sechs bis acht Wochen völlig einstellt. Handelt es sich um Hundewelpen, werden diese nun, meist im Alter von acht Wochen, abgegeben, Wolfswelpen hingegen bleiben bei ihrem Rudel. Mit acht bis zehn Wochen verlassen die Wolfswelpen das erste Mal ihren Bau, bleiben aber immer in dessen Nähe und ziehen erst zwischen der 27. und 32. Woche mit dem Rudel mit. Die weitere Sozialisation erfolgt beim Wolfswelpen damit automatisch durch den Kontakt der ganzen Wolfsfamilie zu den Welpen.

Der Hundewelpe, der beim Menschen aufwächst, hat eine ganz andere Weiterentwicklung. Anstatt im Familienverband zu bleiben und seine ihm angeborenen Verhaltensweisen im Kontakt mit seinen Rudelmitgliedern zu verfeinern, muss er sich neu orientieren, die menschliche Familie als neuen Verband annehmen und seine natürlichen Verhaltensweisen gegenüber dem Menschen zeigen. Der Mensch hat nun somit auch die Aufgabe, den Hund weiter zu sozialisieren.

## Vegetative Phase

Der optimale Start ins Leben beginnt beim Hund bereits vor der Geburt mit der Auswahl der Elterntiere. Diese geben nicht nur ihren genetischen Hintergrund an ihren Nachwuchs weiter, sondern auch charakterliche Eigenschaften, die sie vorleben. Daher ist es zum einen wichtig zu wissen, was genetisch in einem Hund steckt, zum anderen sollte man die Zuchthunde ständig im Hinblick auf ihr Wesen überprüfen. Eine Mutterhündin, die sich vor Angst verkriecht, wenn sich Besucher nähern, zeigt ihren Welpen bereits in den ersten Wochen, dass fremde Menschen mit Vorsicht zu genießen sind. Sicherlich keine optimalen Bedingungen!

In den ersten 14 Tagen nach der Geburt zeigen Welpen genetisch fixierte Verhaltensweisen. Diese Phase wird als vegetative Phase bezeichnet. Der Welpe zeigt bestimmte Reflexe auf Reize aus der Umwelt und lernt ganz schnell, welche Verhaltensweisen positive und welche negative Konsequenzen haben. Die Welpen halten sich in dieser Zeit ausschließlich in der Wurfkiste auf. Meistens liegen sie eng aneinander oder an Mama gekuschelt und genießen die körperliche Wärme.

**Wichtig**

### Hilfeschrei

Findet ein Welpe trotz Suchbewegung über längere Zeit keinen Körperkontakt zu seinen Wurfgeschwistern oder seiner Mutter, stößt er einen nur für Welpen in diesem Entwicklungsabschnitt typischen quäkenden Schrei aus. Die Reaktion der Hündin auf diesen Schrei ist angeboren. Sie beginnt sofort nach dem schreienden Welpen zu suchen und trägt ihn zu den anderen zurück. Nach ca. 12 Tagen reagiert die Hündin kaum noch auf diesen Schrei und auch der Welpe verliert langsam die Fähigkeit, ihn von sich zu geben.

Für die drei Tage alten Welpen besteht der Tagesablauf hauptsächlich aus Saugen und Schlafen.

### Riechen, Tasten und Schmecken

Ein Welpe verfügt noch nicht über so viele Möglichkeiten der Körpersprache und Kommunikation wie ein erwachsener Hund – er ist in den ersten Tagen noch blind und taub. Im Gegensatz dazu sind der Geruchssinn, der Geschmackssinn und der Tastsinn aber bereits vorhanden, auch wenn diese Sinne noch nicht komplett ausgebildet sind. Der Welpe kann jedoch jetzt bereits den Geruch von Mama abspeichern, den leckeren Geschmack von Mamas Milch erkennen sowie verschiedene Untergründe und natürlich das weiche Fell von Mama ertasten.

### Reflexbewegungen

Die Natur hat den Welpen von Geburt an einige Verhaltensweisen, sogenannte „Reflexbewegungen" (Aldington, 1986) mitgegeben, die für ihr Überleben von besonderer Bedeutung sind. Hierzu gehört z. B. die pendelnde Suchbewegung mit dem Kopf.

#### Pendelbewegungen

Die Pendelbewegung unterstützt den Welpen bei der Suche nach einer Zitze. Sie spielt sich halbkreisförmig ab und erhöht somit die Chance, eine Zitze zu entdecken. Würden die Welpen sich nur nach vorn orientieren, könnten sie sich zu schnell von der Hündin entfernen.

Der sieben Tage alte Labrador-Welpe bewegt den Kopf hin und her auf der Suche nach Mamas Zitze.

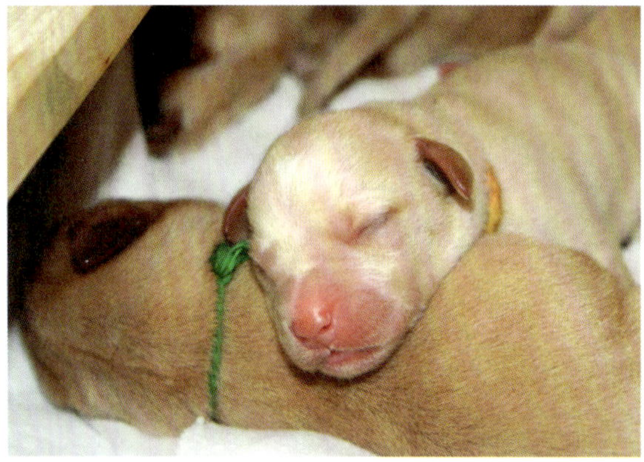

Kontaktliegen ist in diesem Alter wichtig, gern nutzt man das Geschwisterchen als Wärmequelle.

Doch nicht nur die pendelnde Suchbewegung ist eine halbkreisförmige Bewegungsrichtung. Auch das Robben der Welpen ist kreisförmig. Durch dieses angeborene Verhalten besteht für die Welpen keine Gefahr der Unterkühlung, da sie infolge dieses Bewegungsmusters automatisch wieder in Richtung der Geschwister und der Mutter gelangen. Das kreisförmige Robben führt auch zu ständigem Körperkontakt der Welpen untereinander, da sie sich auf diese Weise häufig begegnen.

### Kontaktliegen

In dieser Phase suchen die Welpen immer engen Körperkontakt, sie liegen gern an die Mutterhündin gekuschelt oder aber bilden regelrechte Welpenstapel. Sie liegen dabei manchmal komplett auf- oder übereinander, möglichst alle Welpen dicht auf einem Haufen, und genießen die Wärme, die so entsteht.

### Milchtritt und Saugen

Der Milchtritt ist ein weiterer wichtiger Reflex. Er dient dazu, das Gesäuge der Mutter zu stimulieren. Außerdem stößt der Welpe dadurch nicht mit seiner Nase an den Bauch seiner Mutter. Indem er sich mit seinen Vorderbeinen abstemmt, bekommt er genug Luft beim Saugen. Auch das Saugen erfolgt reflexartig. Ob ein Welpe einen mehr oder weniger stark ausgeprägten Saugreflex hat, kann der Züchter relativ einfach überprüfen, indem er dem Welpen einen Finger vor das Mäulchen hält. Ein gut entwickelter Welpe wird den Finger sofort ins Maul nehmen, mit der Zunge fest umschließen und beginnen zu saugen. Dies wird er dann in dem Augenblick einstellen, in dem er bemerkt, dass aus der vermeintlichen Zitze keine Milch kommt.

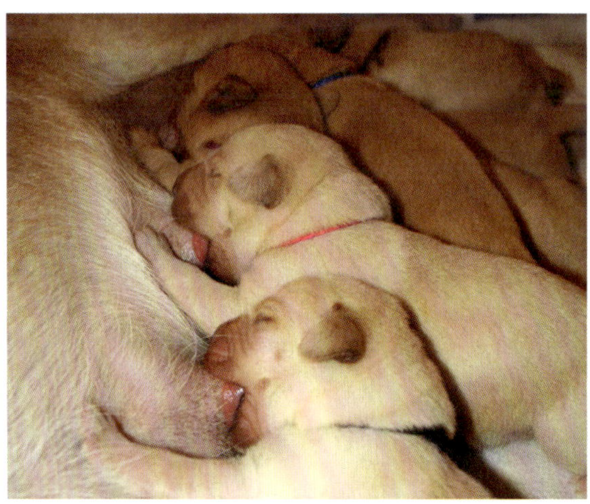

Beim Saugen umschließt die Zunge der Welpen die Zitze der Mutterhündin komplett.

## Leckstimulation / pflegende Dominanz

Der Tagesablauf eines Welpen scheint sich in den ersten zwei Lebenswochen nur um Atmen, Schlafen, Saugen, Wachsen und Ausscheiden zu drehen. Letzteres können die Welpen auch nur durch Leckstimulation der Mutter. Sie massiert mit ihrer nassen, warmen Zunge den Bauch jedes einzelnen Welpen so lange, bis die Motorik der Blasen- und Darmmuskulatur die Aktion des jeweiligen Schließmuskels ausführt. Ohne diese Massage wären die Welpen nicht in der Lage, sich zu lösen. Die Leckstimulation der Mutter ist ein instinktives Verhalten, was auch durch die Blutabsonderung und den Geruch der Nabelschnurenden ausgelöst wird. Durch das Lecken versorgt die Mutter die Wunde der Nabelschnur, bis diese verheilt ist. Dieser Vorgang führt auch dazu, dass die Welpen von Beginn an lernen, vor der Hündin auf dem Rücken zu liegen und stillzuhalten, wenn sie es wünscht. Man spricht insofern auch von pflegender Dominanz.

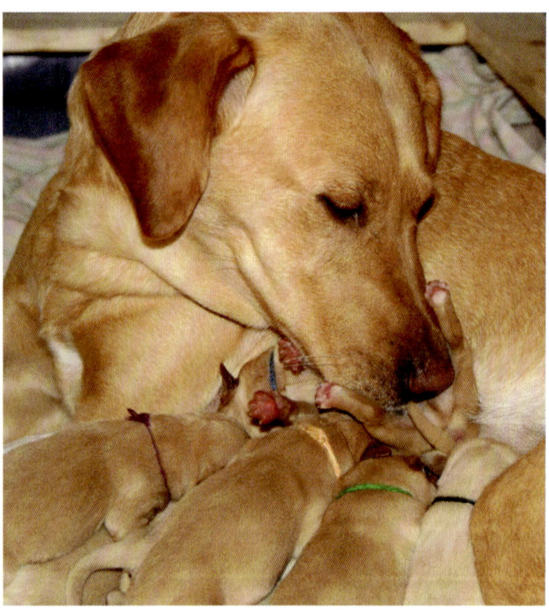

Ein Welpe nach dem anderen wird auf den Rücken gedreht, um durch Lecken die Blasen- und Darmmuskulatur anzuregen.

## Entwicklung des Nervensystems

Äußerlich mag der Eindruck von jungen Hundewelpen ziemlich passiv sein. Sogar die Messungen ihrer Gehirnströme im EEG (Elektroenzephalografie) zeigen einen Dauerschlafzustand an, der erst mit 18 Tagen in Schlaf- und Wachzustand zu unterscheiden ist. Doch diese vegetative Phase ist nicht zu unterschätzen. Die Welpen können von Geburt an z. B. warm und kalt unterscheiden. Alle Sinne, die im späteren Leben am wichtigsten sind, sind bei der Geburt des Welpen jedoch noch völlig unterentwickelt. In dieser vom Schlaf angeführten Phase zeigen sich wichtige Wachstums- und Differenzierungsprozesse des Körpers, des Gehirns und des Nervensystems.

## Das Zentrale Nervensystem

Das Verhalten der Welpen ist zu Beginn sehr kopflastig. Die hier beschriebenen wenigen Verhaltensweisen, die Hundewelpen zeigen, hängen mit dem zentralen Nervensystem (ZNS) zusammen. Das zentrale Nervensystem befindet sich im Gehirn und läuft von da aus über das Rückenmark weiter. Es ist quasi das Steuerorgan des Körpers, hieran schließt sich das periphere Nervensystem an. Dieses ist stark verzweigt und gibt durch die Ausführung von Impulsen Informationen aus dem ZNS weiter, umgekehrt werden von der Außenwelt Wahrnehmungen von Reizen an das ZNS weitergeleitet. Ein Beispiel verdeutlicht das Zusammenspiel: Tritt ein Hund auf einen spitzen Stein, wird dieser taktile Reiz durch das periphere Nervensystem in den Extremitäten wahrgenommen und an das ZNS im Gehirn weitergeleitet. Dieser Reiz wird nun im Gehirn verarbeitet, es wird ein Impuls vom ZNS an das periphere Nervensystem in der Pfote zurück gesendet, der den Hund veranlasst, die Pfote zu heben. Neben dem ZNS und dem peripheren Nervensystem gibt es noch das vegetative Nervensystem, das alle Funktionen übernimmt, die vom peripheren und zentralen Nervensystem nicht abgedeckt werden. Hierbei handelt es sich hauptsächlich um die Steuerung von inneren Organen

Verlässt die Mutterhündin kurzzeitig die Wurfkiste, kuscheln sich alle Welpen eng aneinander und liegen neben- und z. T. übereinander auf einem Haufen.

wie Herz, Lunge, Leber, Niere, Verdauungs- und Geschlechtsorganen. Zu den wichtigsten Aufgaben des vegetativen Nervensystems gehört daher die Koordination von Blutkreislauf, Atmung, Verdauung und Ausscheidung. Auf diese Vorgänge kann der Hund nicht bzw. nur bedingt Einfluss nehmen, es sind vielmehr Steuervorgänge, die unbewusst ablaufen und lebenserhaltend sind.

### Weiterleitung von Reizen

Man unterscheidet schnelle (ca. 120 m/Sekunde) und langsame (ca. 1 m/Sekunde) Nervenzellen. Mit den schnellen Nervenzellen werden unter anderem Informationen, die von außen kommen, über das ZNS an das Gehirn weitergeleitet, z. B. Muskelbewegungen. Die langsamen Nervenzellen sind „nackt", wohingegen die schnellen von einer Eiweißhülle, der Myelinscheide, umgeben sind. Nach der Geburt haben erst einmal fast alle Nervenzellen noch keine Eiweißhülle. Einige lebenswichtige Bezirke sind allerdings bereits vor der Geburt von der Eiweißhülle umschlossen. Hierzu gehören die Zuleitungen der Schnauze, die Tastnerven, die Kiefermuskeln und der nicht akustische Bereich des Hörnervs, mit dem das Gleichgewichtsorgan verbunden ist. Diese schnellen Nervenzellen sind überlebenswichtig, durch ihre Informationen werden Reflexe und Schutzmechanismen eingeleitet. Erst in den ersten zwei Lebenswochen bildet sich die Myelinscheide im Bereich des abführenden Fortsatzes der Nervenzellen. Er wird Axon genannt und leitet die Informationen von der einen zur nächsten Nervenzelle weiter. Die Bildung der Myelinscheide folgt einer ganz bestimmten Reihenfolge. Sie beginnt dort, wo die Nerven das ZNS verlassen. Je näher diese Nerven am Kopf liegen, desto eher beginnt die Umhüllung. Hierdurch lässt sich auch die fast nur vom Kopf und Vorderkörper ausgehende Bewegung der Welpen erklären. Sie sind noch nicht in der Lage, ihre Hinterbeine konkret zu steuern, da die dafür benötigten Nerven einfach noch nicht stark genug ausgebildet sind. Die Axone der Nervenzellen für die Motorik der Vorderbeine sind frühzeitiger umhüllt als die der Hinterbeine.

Je mehr sich die Myelinscheide im Körper ausbildet, desto besser werden auch die motorischen Fähigkeiten der Welpen. Diese Entwicklung findet tatsächlich von vorn nach hinten statt.

### Regelkreis der Verhaltenssteuerung

Da die Entwicklung der Nerven von besonders wichtiger Bedeutung für die Welpen ist, sollte man als Mensch nur so wenig wie möglich regulierend in die Aufzucht der Welpen durch die Hündin während der ersten beiden Wochen eingreifen. Ein Welpe wird z. B. die Zitze seiner Mutter schon finden, wenn er nur richtig sucht, er braucht dafür keine menschliche Hilfe.

Die Welpen wissen instinktiv, dass sie sich bei Hunger Nahrung suchen müssen und sich, wenn sie frieren, bewegen und Kontakt zu anderen Welpen oder Mama suchen müssen. Anschließend werden sie für ihr Verhalten durch das Futter oder die Wärme belohnt und lernen dadurch wichtige Verhaltensabfolgen.

Zu Beginn steht die Motivation, etwas zu verändern, z. B. durch Hunger, danach folgt automatisch die Appetenz, also das Suchen von Futter. Haben die Welpen die Nahrungsquelle erreicht, folgt die Endhandlung, das Saugen an den Zitzen, bis ein Sättigungsgefühl einsetzt, das zum Erlöschen der Motivation führt.

- Motivation = Hunger
- Appetenz = Suchen und Aufsuchen
- Endhandlung = Saugen
- Erlöschen der Motivation = Sättigung

Erst die dauerhafte Stimulation eines Organs bestimmt, wie gut es ausgebildet wird. Fällt ein Sinn, wie z. B. das Sehen, aus, so wird der Geruchssinn stärker stimuliert und ist ausgereifter und leistungsfähiger.

### Sozialisation auf den Menschen

Auch wenn der Mensch in der vegetativen Phase möglichst wenig eingreifen soll, weiß man heutzutage doch, dass auch in dieser Phase schon die erste Gewöhnung des Welpen an den Menschen erfolgt und dass eine Stimulation des Welpen in dieser Zeit zu einer besseren Entwicklung führen kann.

**Wichtig**

## Motivation

Der Regelkreis der Verhaltenssteuerung ist hinsichtlich der Kommunikation mit dem Hund und für die Erziehung des Hundes von entscheidender Bedeutung. Ein Hund, der keine Motivation hat zu essen, wird kaum mit Futter für eine Aufgabe zu begeistern sein. Ein Hund, der keine Motivation hat zu spielen, wird sich durch ein Bällchen nicht von einem anderen Hund ablenken lassen. Möchte man für das Training also belohnende Hilfsmittel einsetzen, muss der Hund auch motiviert sein, diese zu erlangen. Außerdem darf man das Training nur so lange betreiben, wie die Motivation des Hundes noch nicht erloschen ist.

Der Welpe kann in dieser Phase ja bereits riechen und tasten. Der Züchter sollte also jeden Welpen immer auch einmal für eine kurze Zeit in die Hand

Bei diesem zehn Tage alten Welpen sind die Augen bereits ein wenig geöffnet, sehen kann er aber noch nicht wirklich.

nehmen, sodass dieser den Geruch des Menschen wahrnehmen kann. Eine kurze Kuschelzeit auf dem nackten Arm des Menschen führt dazu, dass der Welpe diesen Geruch zukünftig auch positiv abspeichert, denn er hatte es warm und bequem. Welpen sollten aber auch in dieser Phase durchaus nicht immer nur Positives erfahren, leichter Stress kann die Entwicklung fördern. Setzt der Züchter den Welpen z. B. für eine kurze (!) Zeit aus der Wurfkiste auf den kalten Boden (der Welpe soll natürlich nicht komplett auskühlen!), regt diese Erfahrung die Entwicklung des Nervensystems an.

## Übergangsphase

Nach Abschluss der vegetativen Phase, also zu Beginn der dritten Lebenswoche, öffnen sich erst die Augen und einige Tage später die Ohrkanäle des Welpen. Von da an treffen so viele neue Reize auf den zuvor noch blinden und tauben Welpen ein, dass er erst gegen Ende der dritten Lebenswoche in der Lage ist, die neuen auditiven und visuellen Reize aus der Umwelt zu verarbeiten und auf Geräusche oder Bewegungen zu reagieren. Nach und nach lernt er die Umweltreize zu unterscheiden und zu deuten. Der Welpe wird motorisch immer sicherer in seinen Bewegungen. Eine Stimulation der Pfotenballen durch unterschiedliche Untergründe, über die der Welpe bei den ersten Ausflügen außerhalb der Wurfkiste kriechen darf, fördert die Entwicklung des Welpen. Er beginnt eigenständig zu urinieren und zu koten, die Schlafphasen verkürzen sich und die Welpen agieren miteinander. Der Kontakt der Welpen untereinander ist nun von großer Bedeutung und geht über das Kontaktliegen hinaus. Es werden erste Spiele untereinander, aber auch mit Gegenständen wie z. B. Stofftieren in der Wurfkiste gezeigt. Hierbei werden vorwiegend das Maul sowie die Vorderpfoten eingesetzt. Alles wird ins Maul genommen und mit den Vorderpfoten bearbeitet. Auch die Beziehung zwischen der Hündin und ihren Welpen verändert sich, sie hält sich nun fast ständig außerhalb der Wurfkiste auf und geht nur noch zum Säugen zu ihren Welpen.

Mit etwa drei Wochen nehmen die Welpen ihre Geschwister aktiv wahr und beginnen mit ihnen zu spielen.

Stofftiere in der Wurfkiste regen die Welpen zu Beißspielen an, wodurch die Motorik der Welpen gefördert wird.

## Sozialisierungsphase

Mit Ende der dritten Woche beginnt die Sozialisierungsphase. Früher wurden die Entwicklungsphasen beim Welpen noch weiter differenziert, von dieser Einteilung nimmt man heute weitestgehend Abstand. Die ursprüngliche Bezeichnung „Prägungsphase" impliziert einen Prägungsvorgang. So wie das eingeprägte Bild einer Münze unveränderlich ist, sind auch Prägungen im Tierreich irreversibel. Bekanntestes Beispiel ist sicherlich Konrad Lorenz, der frisch geschlüpfte Gänseküken auf sich prägte, sodass diese ihm wie sonst der Gänsemutter folgten. Ein solcher Vorgang findet beim Welpen jedoch nicht statt. Auch wenn es wichtig ist, dass der Welpe zu dem Zeitpunkt, ab dem alle Sinne entwickelt sind, möglichst viele verschiedene Reize kennenlernt und soziale Verhaltensweisen einüben kann, können verpasste Entwicklungsschritte in dieser Phase immer noch wenigstens z. T. nachgeholt werden.

### Die Umwelt entdecken

Während der ersten Wochen der Sozialisierungsphase, der sogenannten sensiblen Phase von der vierten bis zur siebten Woche, müssen die Welpen viele verschiedene Eindrücke sammeln und mit unterschiedlichen Reizen in Kontakt kommen. Ein guter Züchter wird seinen Welpen täglich etwas Neues zu entdecken geben. Dies fängt an mit dem bunten Bällebad und diversen Untergründen im Welpenauslauf, wie z. B. Gras, Sand oder Kies. Die Welpen lernen Geräusche wie z. B. laute Musik oder den Krach des Rasenmähers kennen. In der achten Lebenswoche werden bereits erste Ausflüge in die nähere Umgebung unternommen, es gibt einen Spaziergang über eine duftende Wiese und vielleicht auch einmal einen Abstecher zum kleinen Bach. Ganz nebenbei lernen die Welpen das Autofahren kennen, ganz eng an Mama gekuschelt alles kein Problem!

### Förderung von Verhalten

Genauso wichtig wie das Kennenlernen der Umwelt ist der Kontakt zu Geschwistern und Mama bzw. später zu anderen Hunden und natürlich zum Menschen, damit die Sozialisation erfolgen kann und der Welpe lernt, welches Verhalten in einer Gemeinschaft angemessen ist und an welche Regeln man sich halten muss. Daher muss nun das Sozialverhalten der Welpen gefördert werden, damit diese lernen, auf welches Verhalten welche Reaktion folgt, und damit sie ihr Repertoire an Körpersprache einzusetzen wissen.

Die Mutterhündin zeigt den sieben Wochen alten Welpen deutlich, dass diese nicht mehr saugen dürfen.

Lilyen zeigt ihrem Welpen durch Mimik und Körpersprache, dass sein Verhalten nicht erwünscht ist.

In der Sozialisierungsphase ist der Kontakt der Welpen untereinander genauso wichtig wie das Kennenlernen neuer Reize. Im Bällebad können die Welpen spielerisch ihre motorischen Fähigkeiten verbessern.

Etwa ab der vierten Lebenswoche sind beim Welpen alle Muskelgruppen vollständig entwickelt, sodass sie in der Lage sind, sämtliche Formen der Kommunikation auszuführen. Sie können dann bellen, knurren, die Nase krausziehen oder fixieren. Diese ersten Signale werden jedoch noch sehr undifferenziert eingesetzt, der Welpe muss die Bedeutung der Signale und die richtige Anwendung erst noch lernen. Dies erfolgt im Spiel mit den Geschwistern und in der Kommunikation mit Mama. Die Mutterhündin übt dies gezielt mit ihren Welpen. So sucht sie sich z. B. eine Beute und wartet darauf, dass sich einer der Welpen nähert. Nach einem Drohfixieren folgt ein warnendes Knurren und sofort darauf ein kurzer Stups in den Hals-/Nackenbereich. Dieser Welpe hat nun gelernt, genauso wie einige weitere, die das Geschehen verfolgt haben, dass man sich Mama besser nicht mehr nähert, wenn diese drohfixiert bzw. knurrt. Aber auch die Kommunikation mit dem Menschen muss geübt werden, und der Welpe muss menschliche Verhaltensweisen kennenlernen. Wächst der Welpe isoliert auf und hat kaum Kontakt zu Menschen, wird er diesen gegenüber immer etwas unsicher bleiben. So bedeutet das „Zähnezeigen" beim Menschen in der Regel eine freundliche Kontaktaufnahme mit Lächeln und steht damit ganz im Gegensatz zum „Zähnezeigen" zur Distanzherstellung beim Hund.

Der wasserbegeisterte Labrador Retriever wird auch als Welpe schon das Spiel im Wasser lieben.

Welpen, die isoliert in einem Zwinger gehalten werden und dort außer einem eventuellen Welpenkäufer, der einmal einen Blick durch das Gitter wirft, nichts kennenlernen, werden es schwer in ihrem weiteren Leben haben. Da können die Elterntiere noch so guter Abstammung sein, Welpen benötigen unbedingt die Möglichkeit, selbst Erfahrungen zu sammeln. Daher sollte bereits in dieser Zeit möglichst viel Kontakt zur Außenwelt hergestellt werden. Unterschiedliche Menschen, ob Mann oder Frau, groß oder klein, Kind oder älterer Mensch, erweitern die Erfahrungen des Welpen. Denn nur so kann der Welpe später einmal ein selbstsicherer und souveräner Hund werden.

Je älter die Welpen werden, desto eher geht es beim Spiel hoch her. Daher sollte ein sehr körperbetontes Spiel immer wieder einmal durch eine Spielpause unterbrochen werden.

## Abgabe des Welpen ins neue Zuhause

Im Alter von acht Wochen geht es bei den Welpen bereits recht turbulent zu. Sie besitzen einen großen Erkundungsdrang, dem ein Züchter kaum noch gerecht werden kann. Denn ein Ausflug mit einer solchen Meute ist ohne viele Helfer kaum möglich und eine gezielte Sozialisation mit jedem einzelnen Welpen wird zeitlich nur schwer umsetzbar sein. Daher sollten die Welpen jetzt an ihre neuen Halter abgegeben werden.

### Die Erziehung geht weiter

Im neuen Zuhause wird dann das fortgeführt, was der Züchter begonnen hat. Nach zwei bis drei Tagen der Eingewöhnung ist es Aufgabe der neuen Halter, mit ihrem Welpen die Welt zu entdecken.

In dieser Zeit bis etwa zur vierzehnten oder sechzehnten Lebenswoche – die Zeiten variieren rassebedingt, kleinere Rassen kommen schneller in die Junghundephase und Pubertät, größere Rassen brauchen hierfür durchaus noch ein paar Wochen länger – soll der Welpe alles das kennenlernen, was für ihn später einmal im Leben normal sein soll. Angefangen von seltsam gekleideten Menschen über den Umgang mit anderen Artgenossen bis hin zu den unterschiedlichsten Geräuschkulissen, wie z. B. in der Stadt oder auf dem Bahnhof, erfährt der Welpe durch die gemeinsamen Unternehmungen, sich an dir zu orientieren und auf dich zu vertrauen. Mache hierbei jedoch nicht den Fehler, den Welpen zu überfordern. Plane bei allen Aktivitäten immer auch genügend Ruhephasen ein. Denn dein Welpe braucht immer auch Zeit, das Erlebte im Schlaf zu verarbeiten.

Welpen brauchen Ruhephasen, um das Erlebte zu verarbeiten. Plane daher nicht nur Ausflüge und Aktivitäten, sondern auch genügend Zeit ein, in denen dein Welpe entspannen kann.

# Die Welt der Gerüche

**Der Hund ist ein Lebewesen mit ausgezeichnetem Geruchssinn, ein sogenanntes „Nasentier". Hunde riechen ständig, überall und über sehr große Distanz.**

Schätzungen nach ist das Geruchsvermögen des Hundes eine Million Mal empfindsamer als das des Menschen. Würde man die Nasenschleimhäute eines Hundes ausbreiten können, so käme man auf eine Gesamtoberfläche von bis zu 150 $cm^2$. Die Nasenschleimhaut des Menschen hingegen hat nur eine Gesamtoberfläche von ca. 5 $cm^2$. Um die Unmengen an Informationen verwerten zu können, besitzt die Nasenschleimhaut des Hundes etwa 40-Mal mehr Zellen als die des Menschen. Beim Menschen sind es ca. 5 Millionen Zellen, beim Deutschen Schäferhund z. B. ca. 220 Millionen.

Die äußere Nase des Hundes dient der Geruchszuleitung und funktioniert umso besser, wenn die Nasenöffnung möglichst groß und der Nasenschwamm ständig feucht ist. (Aldington, 1986)

## Riechtechnik des Hundes

Hunde haben auch eine andere Riechtechnik als wir Menschen. Versucht ein Mensch einen bestimmten Geruch wahrzunehmen, geht er zunächst in die Richtung oder nahe an den Gegenstand heran und atmet tief ein. Hunde hingegen versuchen immer zu riechen und atmen stoßweise, damit das Riechepithel nicht ermüdet. Der Hund kann beim Schnüffeln bis zu sechsmal in einer Sekunde einatmen.

Mit diesem guten Geruchssinn ausgestattet sind Hunde in der Lage, noch nach Tagen der Spur eines Lebewesens zu folgen. Dieses Erschnüffeln mit der Nase ist für den Hund eine starke körperliche und psychische Anstrengung. Lawinensuchhunde z. B. müssen nach 20-minütiger Suche ausgewechselt werden. Sie sind dann völlig erschöpft.

Auch im Alter von zehn Jahren hat Henry noch Spaß am Verfolgen einer Spur.

Daher ist z. B. das Fährtentraining eine ideale Beschäftigungsform für den Hund. Dieser kann sein Bedürfnis zu schnüffeln und Spuren zu verfolgen ausleben und wird dabei sowohl geistig als auch körperlich ausgelastet. Zudem fördert die gemeinsame Beschäftigung die Beziehung zwischen Mensch und Hund. Der Mensch weist seinen Hund auf die Fährte hin, gemeinsam erarbeitet man sich den Weg und kommt so zum Erfolg.

## Duftsignale

Die olfaktorische Kommunikation betreibt der Hund, indem er Duftsignale anderer Hunde aufnimmt und selbst Signale hinterlässt. Das Hinterlassen solcher Botschaften kann sowohl unbewusst passieren, wie z. B. durch die Schweißspur der Pfoten (siehe S. 46), als auch bewusst eingesetzt werden, wie z. B. durch das Markieren (siehe S. 37 ff.).

1 Marion legt eine Fährte für Reina. Alle zwei bis drei Schritte wird ein Stück Fleischwurst auf die Spur gelegt.

2 Marion führt Reina an der Schleppleine. Die Hündin arbeitet dabei die Fährte selbstständig aus.

3 Reina ist eine eher unsichere Hündin. Das Erarbeiten der Fährte macht ihr Spaß und gibt ihr Sicherheit.

# Markieren: Botschaften übermitteln

Es gibt vier unterschiedliche Markierformen:

- Urinieren
- Koten
- Scharren
- Reiben an einem Menschen/Gegenstand

## Urinieren

Das Urinieren hat neben dem „Sich-Lösen" zunächst einmal die Bedeutung, sich dem anderen mitzuteilen, eine Nachricht über sich selbst zu hinterlassen. Der Urin trägt verschiedene Duftstoffe, sogenannte Pheromone, die den anderen Hunden Informationen über das Alter, den Gesundheitszustand, das Geschlecht usw. vermitteln.

Das Urinieren ist so unterschiedlich wie auch der Charakter eines jeden Hundes. Welpen urinieren im Hocken, Hündinnen dabei ganz tief mit angewinkelten Hinterläufen, Rüden leicht hockend im Stehen mit abgesenkten Hinterläufen. Sie nutzen das Urinieren noch nicht zum Markieren. Erst mit der Pubertät verändert sich dieses Verhalten. Hündinnen gehen oft weiterhin tief in die Hocke, manche urinieren jedoch in möglichst hoher Position, einige heben dabei aber auch ein Bein. Die meisten Rüden heben das Bein zum Markieren an einer erhöhten Stelle, wie z. B. an einem Baumstamm. Einige Rüden – insbesondere Rüden kleinerer Rassen wie der meist sehr selbstbewusste Jack Russell Terrier – stehen sogar im Handstand mit beidseitig erhobenen Hinterläufen, um möglichst hoch zu gelangen. Selten urinieren Rüden aber auch weiterhin im Stehen bzw. leicht hockend, sie haben dann kein Bedürfnis zu markieren. Je gezielter, d. h. je höher, aber auch je sorgfältiger ausgewählt die Stelle ist, an welcher der Hund seinen Urin hinterlässt, desto größer ist sein Bedürfnis zu markieren.

### Kennzeichnung des Reviers

Markieren kann auch zur Orientierung und Revierkennzeichnung dienen. Der amerikanische Psychologe und Wolfsforscher Roger Peters konnte feststellen, dass die Wölfe sich mithilfe von Urinmarkierungen auf gewissen strategisch günstigen Stellen Unterstützung bei der Orientierung schaffen. Sie können sich so eine eigene „geistige Karte" ihres Jagdreviers fertigen. Gewisse Stellen auf Wegen, spezielle Passagen, Grenzen und andere wichtige Orte werden markiert, sodass sich das Rudel leichter und besser orientieren kann. Andererseits können andere Wölfe durch die Markierungen davon abgeschreckt werden, in ihr Revier einzudringen. In Verbindung mit ihren Wanderungen durch das Revier erneuern sie ständig ihre Duftmarken, die durch Regen und Wind abgeschwächt werden (Hallgren, 1995).

### Zeichen des Zusammenhalts

Bei Hunden, die im selben Haushalt leben oder sich sehr gut kennen, sieht man häufig ein gegenseitiges Übermarkieren, ohne dass dabei eine klare Rangposition deutlich wird. Bei Hündinnen kann es sogar vorkommen, dass sie gleichzeitig

Welpen urinieren nur, um sich zu lösen, sie nutzen das Urinieren noch nicht zum Markieren. Männliche Welpen senken dabei die Hinterbeine ab, weibliche Welpen urinieren im Hocken.

nebeneinander pinkeln – sozusagen gemeinsam eine Stelle markieren. Zielgerichtetes Übermarkieren kann als Festigung des Zusammengehörigkeitsgefühls gedeutet werden und wird z. B. bei Wölfen häufig unter den Leittieren gezeigt (Bloch, 2009). Auffälliges Markieren und Scharren jedoch in Richtung des Nachwuchses scheint eine visuelle Rangdemonstration zu enthalten (Bloch, 2009). Nach Gansloßer (2007) ist das Markieren Sache aller und nicht das Vorrecht Ranghoher.

### Markieren als territorialer Ausdruck

Markieren kann beim Hund auch territoriale Bedeutung haben. Markiert ein Hund versteckt, kommt danach aus dem Gebüsch und tut so, als wenn nichts gewesen wäre, so kann dies ein Zeichen für seinen niedrigen territorialen Anspruch sein. Ein Hund, der im Gebüsch markiert, kann aber auch stark territorial sein. Befindet sich das Gebüsch am Rand eines Territoriums, bildet es sozusagen eine Reviergrenze, die der

Einige Hündinnen urinieren zwar im Hocken, nehmen dabei aber eine möglichst hohe Position ein.

Junge Rüden vor der Pubertät urinieren im Stehen mit leicht abgesenkten Hinterbeinen.

Die beiden Labrador Retriever-Hündinnen Ginala und Lilyen leben zusammen in einem Rudel. Das gemeinsame Urinieren schafft ein Zusammengehörigkeitsgefühl und stärkt den Zusammenhalt.

Hund markieren möchte. Ein solcher Hund kommt in der Regel mit stolz geschwellter Brust und aufgerichteter Rute aus dem Gebüsch heraus und unterstützt dann die Bedeutung seiner vorherigen Handlung oft noch durch auffälliges Scharren und Lautäußerungen wie z. B. Knurren. Die Intention eines Hundes kann man erst deuten, wenn man die Körpersprache des Hundes im Gesamtkontext betrachtet und zudem eine Regelmäßigkeit feststellt. Geht der Hund hingegen ständig hin und her und kann sich nicht entscheiden, wo er markieren soll, so hat er ebenfalls ein starkes territoriales Bewusstsein. Er markiert nicht irgendwo, sondern sucht sich die Stellen ganz genau aus. Hier gibt es allerdings zwei verschiedene Ausprägungen: Zum einen gibt es den Hund, der gezielt eine Stelle sucht, die er übermarkieren kann. Zum anderen gibt es den Hund, der auf keinen Fall dort markieren will, wo schon andere Hunde waren.

Rüden nach der Pubertät urinieren meist mit erhobenem Bein, um strategisch wichtige Punkte zu markieren.

Dreht sich der Hund beim Markieren zum Menschen um und schaut ihn an, ist dieses Verhalten als eine klare Geste an den Menschen gerichtet, jedoch gibt es auch hier wieder verschiedene Bedeutungen. Zum einen kann der Hund damit ausdrücken: „Das ist meins, hast du es gesehen?“, und so einen Besitzanspruch gegenüber dem Menschen ausdrücken. Genauso kann er aber auch ein „Zusammengehörigkeitsgefühl“ damit verdeutlichen; er markiert das gemeinsame Revier.

## Submissives Urinieren

Es gibt verschiedene Formen des submissiven, also unterwürfigen Urinierens.

Uriniert der Hund in Rückenlage, fordert er zum Versorgungsverhalten auf. Jeder Hund hat im Welpenalter pflegende Dominanz (siehe S. 26) der Mutter erlebt und dabei nichts Negatives erfahren. Ein Hund, der in Rückenlage uriniert, „hofft“, dass sein Gegenüber ihm eher parentales als aggressives Verhalten zeigen wird. Zugleich stellt er sich als infantil (kindlich) und unbedrohlich dar. Das Gegenüber kann als Antwort allerdings sowohl mit Rückzug als auch mit aggressivem Verhalten reagieren. Uriniert der Hund submissiv in gehockter Haltung, z. B. bei der Heimkehr des Menschen, kann das ein Ablenkungsverhalten aus Unsicherheit sein. Beobachtet man einen Hund genau, sieht man, dass der Kopf leicht seitlich gehalten wird. Die Ohren liegen zurück und ein Rundrücken ist zu erkennen. Meist sind es Hunde, die gelernt haben, dass das Zeigen von normaler Unterwürfigkeit allein nicht ausreicht. Aus Angst urinieren sie und zeigen somit völlige Unterwerfung (vgl. Neville, 1992). Ignoriere deinen Hund und beuge dich nicht über ihn, um seine Unsicherheit nicht noch zu verstärken. Jede Form der Begrüßung verstärkt das unerwünschte Urinieren. Betrete die Wohnung, ohne deinen Hund zu beachten. Warte einige Augenblicke, in denen du z. B. deine Einkäufe wegräumst, deine Jacke ausziehst und ganz normale Alltagshandlungen ausführst. Dein Hund wird merken, dass die Situation entspannt ist und das unterwürfige Urinieren einstellen.

## Koten

Die Körperstellung von Hunden beim Koten ist im Unterschied zum Urinieren zunächst einmal gleich; egal ob es sich dabei um einen Welpen oder einen erwachsenen Hund bzw. um Rüde oder Hündin handelt, gekotet wird immer im Hocken. Allerdings gibt es auch hierbei einige Hunde, die eine möglichst deutliche Botschaft hinterlassen möchten. So spielt die ausgewählte Stelle eine besondere Rolle, territoriale Hunde suchen z. B. gern erhöhte Stellen wie einen abgesägten Baumstumpf als bevorzugte Stelle zum Koten aus. Dabei heben sie dann oft auch ein Bein. Auch durch das Koten kann ein Revier also markiert werden.

Der Hund hat links und rechts, ein bis zwei Zentimeter neben dem Aftereingang, zwei etwa erbsengroße Analdrüsen, die ein Sekret absondern. Das ölige und stark riechende Sekret trägt den ganz individuellen Geruch eines Hundes und wird in geringen Mengen bei jedem Kotabsatz mit abgeführt. Ist ein Hund massiver Panik oder Angst ausgesetzt, können sich die Drüsen auch schlagartig entleeren. Sich zu lösen dient auch der Möglichkeit zur schnel-

Ginala scharrt nach dem Markieren eindrücklich mit allen vier Pfoten.

Dabei schaut sie sich um, …

leren Flucht, dazu kann sogar erbrochen werden. Der Körper kann somit alle Energie für die Flucht bereitstellen und muss sich nicht mit Nahrungsverwertung und Verdauung belasten. Dies erklärt, warum Hunde in Stresssituationen oft Durchfall bekommen. Dieses Symptom ist auch Menschen in solchen Situationen, z. B. vor Prüfungen, nicht unbekannt. Hunde, die ständig sehr weichen Kot haben, vertragen entweder das Futter nicht oder aber leben in ständigem Stress. In diesem Fall sollte sich der Mensch Gedanken machen, welche Umstände er verändern kann, um dem Hund ein entspannteres Leben zu ermöglichen. Der Hund kann sich aber in Begegnungen mit anderen Hunden auch lösen, um einen Rivalen mit dem stark riechenden Kot abzulenken. Die Zeit, in der sich der Gegner mit dem Kot beschäftigt, kann zur Flucht genutzt werden.

## Scharren

Die dritte Form des Markierens ist das Scharren, das sowohl ohne uriniert zu haben als auch häufiger nach dem Urinieren oder Koten vom Rüden und auch von der Hündin gezeigt werden kann. Der Hund steht vor dem Scharren mit allen vier Pfoten aufrecht und imponierend.

Häufig beobachtet man das Scharren des Hundes, wenn andere Hunde oder Menschen sich in Sichtweite befinden. Falls der andere das Urinieren selbst nicht gesehen hat, kann der scharrende Hund hiermit Aufmerksamkeit bekommen. Manchmal wird dem Scharren auch ein Knurren beigefügt, um dem Ganzen noch mehr Bedeutung zu verleihen. Oft schaut der Hund in Richtung der anwesenden Hunde oder Menschen und zeigt damit, an wen das Imponierverhalten gerichtet ist. Als Mensch sollte man in diesem Fall einfach souverän weitergehen und dem Hund keine Aufmerksamkeit schenken. Wer versucht, das Scharren zu unterbinden, verdeutlicht nur die eigene Unsicherheit. Durch das Scharren heben die Hunde zudem die markierte Stelle hervor, die durch die aufgescharrte Erde an Geruch gewinnt und von anderen Hunden auch besser gesehen wird. Sie wird zudem durch Absonderung von Schweiß aus den Schweißdrüsen an den Pfotenballen des Hundes mit dem eigenen Geruch versehen.

...um zu überprüfen, ...

...ob das Scharren von anderen wahrgenommen wird.

Viele Menschen denken immer noch, dass der Hund durch das Scharren die Stelle, an der er zuvor uriniert oder gekotet hat, mit Erde zudecken will. Damit würde das Scharren eine vollkommen andere Bedeutung erlangen, nämlich das Vermeiden deutlicher Markierungen. Schaut man sich jedoch einmal genau an, welche Stelle ein Hund markiert und an welcher Stelle er danach scharrt, erkennt man schnell, dass diese These nicht stimmen kann. Gescharrt wird oftmals ein gutes Stück entfernt von der Stelle, an der zuvor markiert wurde, und auch die Richtung stimmt oftmals gar nicht überein. Kaum ein Hund, den man beim Scharren beobachtet, trifft mit der aufgewühlten Erde die zuvor markierte Stelle. Es wäre doch seltsam, wenn so viele körpersprachliche Gesten des Hundes bis ins kleinste Detail in der Wirkung zusammenpassen und von Bedeutung sind, und ausgerechnet beim Scharren ständig solche Fehler entstehen würden. Auch die restliche Körpersprache des Hundes passt nicht zu der oben genannten These, denn der Hund hält sich beim Scharren aufrecht mit herausgedrückter Brust und oftmals aufgestellter Rute, er zeigt deutliches Imponierverhalten.

## Reiben an einem Menschen oder Gegenstand

Eine weitere Form des Markierens ist das Reiben an einem Menschen oder Gegenstand. Der Hund geht dabei dicht am Menschen oder dem Gegenstand vorbei und reibt sein Fell an ihm. Dadurch hinterlässt er am geriebenen Objekt seinen Geruch. So kann er z. B. Besitzansprüche deutlich machen.

## Auf dem Hundespaziergang

Ein Hund setzt mit seinem Urin Markierungen, die geruchliche Botschaften für Artgenossen hinterlassen. Sehr häufig geht es dabei um territoriale Abgrenzungen, der Hund steckt sein Revier ab.

Wie solltest du dich nun auf dem Spaziergang verhalten? Als Erstes musst du deinem Hund nach kurzer Zeit die Möglichkeit geben, sich zu lösen. Dies muss nicht unbedingt auf den ersten Metern erfolgen, aber relativ zu Beginn des Spaziergangs. Danach solltest du nicht ständig stehen bleiben und warten, bis dein Hund alle wichtigen Punkte markiert hat, du gehst einfach weiter. Denn nicht dein Hund ist für die Sicherung des Territoriums zuständig, sondern du selbst. Im Freilauf macht es natürlich keinen Sinn, deinem Hund das Markieren zu verbieten, indem du schimpfend zu ihm läufst. Genauso unsinnig ist der Ratschlag, über die Markierung deines Hundes selbst zu urinieren. Beides würde deinem Hund nur zeigen, dass du nicht souverän bist, da du dich über ein Markieren so aufregst.

Diese Hündin reibt sich oft im Vorbeigehen mit der Seite an ihrem Menschen und markiert ihn dadurch.

# Beschnuppern: Kontakt mit Artgenossen

## Wittern

Begegnen sich zwei fremde Hunde, tauschen diese, um sich richtig einschätzen zu können, erst einmal Informationen aus. Dies erfolgt zunächst durch intensives Beschnuppern. Je nach Alter der Hunde zeigen sich hier auch unterschiedliche Verhaltensweisen. Ganz junge, meist hungrige Welpen suchen bei anderen Hunden in der Bauchgegend nach einer Zitze, etwas ältere, achtwöchige Welpen berühren häufig die Schnauzengegend (Futterbetteln), erwachsene Tiere beschnuppern das Gesicht, die Leistengegend und die Analregion am häufigsten (Aldington, 1986).

### Analwittern

Begegnen sich zwei Hunde, zeigen sie häufig zunächst einmal Analwittern. Es dient der individuellen Erkennung, denn wie jeder Mensch, so riecht auch jeder Hund anders. Zudem geben Körpersprache sowie Verhalten des anderen Hundes weitere Informationen über dessen Status preis.

Der unsichere Hund wird versuchen, das Analwittern zu vermeiden, klemmt die Rute ein und zeigt soziale Hemmung. Wie bereits erwähnt, befinden sich am After des Hundes die Analdrüsen, die den ganz persönlichen Geruch eines Hundes wiedergeben. Klemmt der Hund die Rute ein, wird die Ausströmung des Duftes verringert.

Der Hund, der an sich riechen lässt, ist in diesem Moment in der dominanten Position. Der Hund wird dabei die Rute hoch tragen und leicht wedeln, um seinen Geruch zu verbreiten. Er kann vom sozial schwächeren Hund sogar verlangen, genau zu riechen, mit wem er es zu tun hat, und somit soziale Sicherheit zeigen. In diesem Fall drängt sich der sichere Hund dem Gegenüber fast auf, wendet ihm sein Hinterteil deutlich zu.

Jemma ist unsicher und möchte das Analwittern der Aussie-Hündin vermeiden, indem sie die Rute einzieht.

Ginala ist sehr sicher und lässt das Analwittern zu, ohne das Verfolgen einer Spur zu unterbrechen.

## Genitalwittern

Das Genitalwittern hat zum einen ebenfalls die Funktion der individuellen Erkennung, dient aber auch im Sexualbereich der Kontrolle der Paarungsbereitschaft.

Der junge Labrador-Rüde Bali nähert sich vorsichtig der Golden-Hündin Alma und beschnüffelt diese.

### Individuelle Erkennung

Auch das Genitalwittern dient der individuellen Erkennung, jedes Individuum hat seinen eigenen Geruch. Ein Hund, der sich im Stehen im Genitalbereich beschnuppern lässt, zeigt sein Selbstbewusstsein dem anderen gegenüber.

Ein Hund, der die Rute einzieht und das Beschnuppern verhindert, zeigt sich unsicher. Oftmals wird das Genitalwittern zur individuellen Erkennung in Kombination mit Analwittern gezeigt.

### Sexuelle Funktion

Wird der Hund beim Genitalwittern vom anderen Hund im Genitalbereich beleckt, zeigt dieser damit submissives (unterwürfiges) Verhalten. Meist zeigen Rüden das Belecken des Genitalbereichs bei Hündinnen, um sich diesen vorsichtig zu nähern und ihr sexuelles Interesse zu bekunden. Oftmals legt sich eine sichere Hündin dann sogar auf den Rücken und lässt den Rüden ausgiebig schnuppern. Sie verlangt von ihm sozusagen, sich intensiv mit ihr zu beschäftigen und sich um sie zu kümmern. Ist die Hündin paarungsbereit, drängt sie dem Rüden im Stehen ihren Genitalbereich auf und hebt dabei die Vulva an, die Rute wird dabei in einem Bogen seitlich weggehalten. Vermeidet die Hündin das Belecken, indem sie die Rute einklemmt, ist sie noch nicht oder nicht mehr paarungsbereit oder entscheidet sich schlichtweg gegen den Rüden.

Schäferhund-Rüde Cody und Labrador-Hündin Lilyen beschnüffeln sich gegenseitig im Genitalbereich.

Cody zeigt nun Analwittern. Beide Hunde lassen das gegenseitige Beschnüffeln mit leicht erhobener Rute zu.

Alma fordert ein Genitalwittern von Bali ein, indem sie sich vor ihm auf den Rücken legt und den Genitalbereich präsentiert. Bali nutzt die Chance, um intensiv zu wittern und zu lecken.

Andererseits kann ein Hund, der sich in Rückenlage im Genitalbereich beschnuppern lässt, auch submissives Verhalten zeigen, er ist der Unterlegene, muss sich das Abschnuppern gefallen lassen. In diesem Fall kommt es dann oftmals zu dem bereits beschriebenen submissiven Urinieren (siehe S. 40).

Werden Menschen von einem Hund im Genitalbereich beschnuppert, drehen sich die meisten leicht weg, krümmen ihren Oberkörper, sagen: „Aus, Pfui!“, und zeigen durch ihre Körperhaltung aus Sicht des Hundes Beschwichtigung. Der Mensch sollte sich bei einer solchen Begegnung sozial sicher zeigen und – so merkwürdig es auch aussieht – seinen Genitalbereich nach vorn drehen und sich beschnuppern lassen. Denn wer sich beschnuppern lässt, ist sozial sicher. An dieser Stelle soll aber auch betont sein, dass Hundehalter ihre Hunde davon abhalten sollten, dies bei fremden Menschen zu tun. Wir leben schließlich in einer Menschengesellschaft, in der es auch gilt, andere Menschen durch den eigenen Hund nicht zu belästigen.

## Bodenwittern, Lecken, Zähneklappern

Das Bodenwittern, Lecken und Zähneklappern hat mehrere Funktionen. Es dient zum einen der Revierkontrolle als Vorstufe des Markierens oder der Kontrolle der Hitze im Sexualbereich. Das Zähneklappern ist dabei beim Hund immer ein Zeichen von starker Erregung.

Wichtig

## Hundebegegnungen

Kein Hund reagiert beim Zusammentreffen mit unterschiedlichen Hunden identisch. War der Hund bei der einen Begegnung mit dem einen Hund sozial sicher, kann es beim Zusammentreffen mit einem anderen Hund genau umgekehrt sein.

Der Hund nutzt hierbei häufig das vomeronasale oder auch Jacobsonsche Organ, um die vorhandenen Botschaften noch deutlicher analysieren zu können. Dieses Verhalten tritt bei Rüden häufiger auf, kann aber durchaus auch bei Hündinnen zu sehen sein.

### Das Jacobsonsche Organ

Viele Wirbeltiere wie z. B. Hunde, Katzen und Pferde besitzen das vomeronasale oder Jacobsonsche Organ, das sich hinter den oberen Vorderzähnen im Maul befindet. Hiermit sind die Tiere in der Lage, geruchliche Signale wie z. B. Pheromone wahrzunehmen, mit denen innerartlich kommuniziert wird.

## Rutewedeln

Eine wichtige Bedeutung in der olfaktorischen Kommunikation bei der Duftverbreitung hat das Wedeln. Welpen und unterwürfige Hunde wedeln eher unten und mit der Rutenspitze, um den eigenen Geruch nicht zu stark aufkommen zu lassen. Sozial sichere Hunde hingegen wedeln häufig mit erhobener Rute. Somit wird der Geruch gut verteilt.

## Schweißspur

Bei jeder Bewegung, an jedem Liegeplatz, überall hinterlässt der Hund Spuren, anhand derer er sich orientieren, aber auch von anderen aufgespürt werden kann. Dass allerdings die Schweißspur dem Hund dazu dient, sich besser zu orientieren, ist unwahrscheinlich. Für den Hund existieren in der Natur sehr viele andere, stärkere Gerüche, die nicht so schnell verfliegen wie z. B. der Kot und der Urin von anderen Tieren. Schweiß ist in der Kommunikation von Hund zu Hund kaum von Bedeutung, zumal der Hund auch keinen gezielten Einfluss auf sein Schwitzen hat. Er besitzt fast ausschließlich an den Ballen Schweißdrüsen, die Thermoregulation erfolgt bei ihm über das Hecheln.

Die Golden-Hündin uriniert, was der Labrador-Rüde sofort bemerkt. Er nähert sich und schnüffelt intensiv.

Mithilfe des vomeronasalen Organs erhält Labrador Bali Informationen über den sexuellen Zustand der Hündin.

# Kommunikation im Kontext

Auf dem ersten Foto ist noch nicht erkennbar, welcher Hund in dieser Situation entscheidet. Erst im weiteren Verlauf wird deutlich, dass die Hündin hier bestimmt.

1 Rüde und Hündin zeigen Anal- und Genitalwittern, drehen sich dabei im Kreis.

2 Die Hündin vermeidet das Wittern, dreht sich weg, stellt sich frontal zum Rüden, fixiert.

3 Dieser legt die Ohren an, dreht den Kopf weg, woraufhin die Hündin ebenfalls wegschaut.

## Verhalten auf dem Spaziergang

Hunde brauchen Kontakt zu Artgenossen! Was bietet sich da mehr an, als ein Spiel mit dem Kumpel, dem man auf dem Spaziergang begegnet? Damit die Begegnung für beide Hunde positiv verläuft, sollten die Halter beider Hunde diese nicht aus großer Entfernung aufeinander zulaufen lassen. Denn dann besteht die Gefahr, dass sich aus der Dynamik eine aggressive Situation entwickelt, die in ruhigem Zustand gar nicht aufgekommen wäre. Der erste Kontakt erfolgt zumeist durch einen Nase-zu-Nase-Kontakt und geht dann über in ein Analwittern. Hier tauschen die Hunde die wichtigsten geruchlichen Informationen aus, es entscheidet sich, ob man den anderen „riechen" kann. Danach geht man entweder seiner Wege oder aber es findet z. B. ein wildes Lauf- und Tobespiel statt.

## Wenn zwei sich nicht mögen

Genauso wie wir Menschen nicht alle anderen Menschen mögen, haben auch Hunde Sympathien und Antipathien. Daher gilt es nicht, dem Hund „Sozialkontakt um jeden Preis" zu ermöglichen, sondern vielmehr gezielt auszuwählen. Wer seinen Hund gut kennt, weiß bald um dessen Vorlieben und Abneigungen. Wenn zwei Hunde sich nicht mögen, sieht man dies bereits nach wenigen Sekunden. Schon von Weitem beäugen sich die beiden Hunde skeptisch, sie gehen eher langsam aufeinander zu, um den anderen genau auszuloten. In der Regel sind Auseinandersetzungen bei Hunden nicht darauf ausgelegt, den anderen zu töten, denn man könnte dabei ja selbst verletzt werden. Daher versucht jeder der beiden Kontrahenten sich möglichst groß zu machen, die Haare werden gesträubt, die Rute hoch über dem Rücken getragen. Die Bewegungen sind eher steif, und wenn die Hunde nun auch noch beginnen, sich gegenseitig zu begrenzen, wird es spätestens jetzt Zeit, die Begegnung zu beenden. Finden sich zwei Hunde unsympathisch, sollten beide Halter ihre Hunde zu sich rufen und den Spaziergang einfach weiter fortsetzen. Beschäftigen sich die Hunde aber bereits sehr intensiv miteinander, kann das Abrufen eines Hundes vom anderen Hund als Schwäche ausgelegt werden und erst recht zu einem Angriff führen. Hier sollten beide Menschen, bevor es kritisch wird, kommentarlos den Spaziergang fortsetzen und sich voneinander entfernen. So haben beide Hunde die Möglichkeit, sich zu trennen, ohne das Gesicht zu verlieren.

## Ich bin dann mal weg

Gerade unsichere Hunde versuchen einem Sozialkontakt oft aus dem Weg zu gehen. Sie wollen keinen Streit und sehen in einer Begegnung mit einem fremden Artgenossen, den sie aus der Ferne gar nicht einschätzen können, eine Gefahr. Wenn dann aber entgegenkommende Hunde mit Vollgas auf sie zulaufen, sehen sie gar keine andere Möglichkeit mehr, als die Flucht zu ergreifen. Leider führt dies häufig dazu, dass die entgegenkommenden Hunde erst recht hinter dem Flüchtenden herlaufen. Ein lustiges Jagdspiel hinter einer fliehenden Beute kommt ihnen zur rechten Zeit. Sind es dann vielleicht auch noch mehrere Hunde, die dem Flüchtenden hinterherjagen, kommt es schnell zu Mobbingszenen. Du kannst einem solchen Hund am besten helfen, indem du deinen Hund an die Leine nimmst und die entgegenkommenden Hunde nicht an ihn heranlässt. Du stellst dich einfach dazwischen und schickst die fremden Hunde im Idealfall sogar aktiv weg. Dies erleichtert nicht nur das Leben deines unsicheren Hundes, es fördert auch die Beziehung zu dir, denn er kann sich auf dich verlassen. Allerdings muss man an dieser Stelle hervorheben, dass es eigentlich gar nicht zu einer solchen Situation kommen sollte. Man sollte seinen Hund nur dann zu einem anderen Hund laufen lassen, wenn man dies vorab mit dem Halter des anderen Hundes abgestimmt hat.

# Wenn Hunde sich begegnen …

Wenn sich Hunde zum ersten Mal begegnen, müssen sie sich erst einmal kennenlernen. Dabei wechseln die Rollen oftmals schnell, mal ist der eine Hund sicher, mal der andere.

1 Cody und Jamie begegnen sich zum ersten Mal. Es erfolgt ein Analwittern, bei dem beide Rüden die Rute anfangs noch leicht erhoben haben.

2 Cody wird unsicher und möchte das Analwittern vermeiden. Er senkt die Rute und wendet den Kopf von Jamie ab.

3 Cody wendet sich vollständig ab, zieht die Rute ein und macht einen Rundrücken. Doch Jamie ignoriert das Verhalten und schnüffelt weiter. → Fortsetzung auf Seite 50

# Wenn Hunde sich begegnen …

Nicht selten entscheiden kleine Gesten über den Verlauf einer Kommunikation, also auch darüber, ob ein Zusammentreffen in einer aggressiven Auseinandersetzung oder einem wilden Jagdspiel endet.

4 Cody zeigt Jamie durch frontales Zuwenden deutlich, dass er nicht weiter beschnüffelt werden möchte. Jamie bleibt daraufhin stehen, verlagert das Gewicht nach hinten und legt die Ohren leicht an.

5 Cody nutzt die Unsicherheit von Jamie, um nun seinerseits im Analbereich zu wittern. Jamie verlagert das Gewicht weiter nach hinten, um schnell ausweichen zu können.

6 Jamie möchte sich nicht länger von Cody beschnüffeln lassen. Er springt in einem Satz mit der Hinterhand von Cody weg und dreht sich ihm frontal zu.

7 Die beiden Jungrüden stehen sich frontal gegenüber. Beide haben die Hinterhand leicht abgesenkt und vermeiden den direkten Blickkontakt. Cody leckt sich die Schnauze, er hat Stress.

8 Um die angespannte Situation zu entschärfen, geht Cody in die Vorderkörpertiefstellung und fordert Jamie damit zu einem Spiel auf. Jamie geht darauf ein, indem er selbst wegspringt.

9 Die beiden Rüden starten nun ein gemeinsames Jagdspiel, die Situation ist erst einmal für beide geklärt.

# Wälzen: Parfümieren mit Düften

Wälzen gibt es beim Hund in zwei verschiedenen Ausprägungen. Zum einen wälzen sie sich in Aas oder anderen übelriechenden Dingen, zum anderen wälzen sie sich im Gras, in Erde und Sand oder auf dem Teppich.

## Aaswälzen

Die Behauptung, Hunde würden sich in übel riechenden Sachen wälzen, um sich zu tarnen, ist meiner Erfahrung nach reiner Unsinn. Würde ein Hund sich wälzen, um sich zu tarnen, z. B. bei der Jagd, dann müsste er es doch auch tun, bevor er beginnt, einem aufgestöberten Kaninchen hinterherzujagen. Weiterhin würde man bei Jagdhunderassen bzw. bei Hunden, die eine starke jagdliche Motivation haben, stärkeres Aaswälzen beobachten können. Im Umkehrschluss müsste man auch feststellen, dass Hunde, die sich oft in Aas oder Kot wälzen, grundsätzlich stärkeres Jagdverhalten zeigen. Beides kann ich bei meiner Beobachtung im Training mit Hunden nicht bestätigen. Ein weiteres Gegenargument gegen diese These ist meine Beobachtung, dass sich Hunde bis zur Geschlechtsreife so gut wie nie gezielt in Aas bzw. Kot wälzen, obwohl sie längst ausgeprägtes Jagdverhalten zeigen.

### Imponiergehabe

Wichtig zur Erkennung des eigentlichen Grundes ist das daraufhin vom Hund gezeigte Verhalten. Nachdem er sich genüsslich in Aas gewälzt hat, schüttelt er sich, wird dynamisch, rennt zum Menschen, dreht Kreise oder läuft zu anderen Hunden. Er wählt hierbei immer den Imponiertrab oder Imponiergalopp und nie eine nicht imponierende Gangart. Der Hund nimmt nach dem Wälzen also Kontakt mit dem Menschen oder Artgenossen auf. Vergleicht man dieses Verhalten mit dem Parfümieren bei Menschen, wird die Bedeutung des Wälzens als eine Geste deutlich, um auf sich aufmerksam zu machen.

Der Mensch parfümiert sich ein, wenn er sich mit anderen Leuten trifft, aus dem Haus geht und mit seinem Geruch auf sich aufmerksam machen möchte. Beschließt man, den ganzen Tag allein zu Hause zu verbringen, wird man sich kaum in eine Parfümwolke hüllen.

### Sexualverhalten

Auch die Körperstellen, die der Hund beschmutzt, sind von Bedeutung. Hals- und Nackenbereich, die Wangen und der Rücken, d. h. der Ansatz der Rute, sind beim Hund erogene Zonen – der mittlere Rücken wird durch das Biegen der Wirbelsäule gezielt ausgespart.

An den „parfümierten" Stellen werden die meisten Hunde am liebsten gekrault. Sie gehören auch mit zu den ersten Schnupperstellen und sind wichtige Körperstellen bei der Paarung. Hieraus lässt sich schließen, dass das Wälzen der Hunde in Aas ein sexuelles Imponieren darstellt. Der Hund stellt sich sexuell dar, imponiert mit dem starken Geruch. Ferner ist gut zu beobachten, dass das gezielte Wälzen in Aas und Kot parallel bzw. kurz nach Beginn der Geschlechtsreife beginnt. Viele Halter fragen mich jedoch, warum auch ihr kastrierter Hund sexuell imponiert. Das hängt damit zusammen, dass durch die Kastration zum einen nicht alle das Sexualverhalten steuernden Hormone entfernt werden und zum anderen bereits ritualisiertes und gelerntes Verhalten auch bei ausbleibender hormoneller Stimulation weiter gezeigt wird.

## Wälzen auf Rasen, Sand, Teppich

Wälzt sich der Hund hingegen auf dem Rasen oder im Sand, ist es oft nur ein Genuss, wie z. B. das Wälzen nach dem Schwimmen, oder aber ein Zeichen von Entspannung, der Hund hat keine Gefahr von außen zu erwarten. Befindet sich aber ein Mensch oder ein anderer Hund in der Nähe, kann es wiederum als ein selbstsicheres Verhalten gedeutet werden. Der Hund ist auf dem Rücken liegend in einer völlig schutzlosen Situation. Die Tatsache, dass er diese Position aktiv von sich aus wählt, zeigt, dass er es „sich leisten kann" und von niemandem eine Attacke erwartet. Sich auf dem Rücken zu wälzen im Beisein von Artgenossen demonstriert starke soziale Sicherheit. Zudem ist das Wälzen ein Verhalten mit hoher Aktivität, der wälzende Hund verschafft sich also in aller Regel die Aufmerksamkeit anderer anwesender Hunde oder Menschen. Da viele Menschen ein solches Verhalten des Hundes lustig finden und dies entsprechend kommentieren, wird es oft als Aufmerksamkeit heischendes Verhalten vom Hund eingesetzt.

Alma wälzt sich genüsslich auf dem Rasen. Sie liegt dabei mit dem ganzen Rücken auf dem Boden. Es handelt sich hierbei also nicht um Aaswälzen, sondern um Komfortverhalten.

# Aaswälzen

Aaswälzen hat zumeist eine sexuelle Funktion. In der Regel erfolgt nach dem Aaswälzen daher Imponiergehabe wie Scharren oder Imponiergalopp.

1 Die dreijährige Golden Retriever-Hündin Crispy hat eine spannend riechende Stelle entdeckt, die sie intensiv beschnüffelt.

2 Crispy möchte sich im Duft wälzen und senkt dazu den Vorderkörper zu einer Seite ab, um Kopf und Halsbereich auf den Boden zu legen.

3 Intensiv schiebt Crispy nun den vorderen Halsbereich über die gut riechende Stelle. Die Hinterbeine bleiben dabei durchgedrückt.

4 Crispy beendet das Aaswälzen, indem sie nun auch den vorderen Oberkörper über die Duftstelle schiebt und sich schließlich auf den Boden fallen lässt.

5 Nachdem alle wichtigen Stellen des Körpers einparfümiert wurden, folgt direkt im Anschluss daran meist ein Schütteln.

6 Nach dem Aaswälzen und Schütteln läuft Crispy im Imponiergalopp mit hoppelnden Sprüngen weiter.

Die Dogo Canario-Hündin Delilah ist bereits ein richtiger Profi auf der Fährte. Gemeinsam mit Stefan verfolgt sie jede Spur, die er ihr anzeigt.

## Nasenspiele

Da der Geruchssinn bei Hunden eine sehr große Rolle spielt, liegt es nahe, diesen auch für die gezielte Beschäftigung des Hundes zu nutzen. Der Hund kann sein Bedürfnis, die Nase einzusetzen, befriedigen. Zudem werden Emotionen freigesetzt, Riechen macht glücklich. Auch Menschen kennen diese Art von Glück, löst der Geruch nach leckerem Essen bei den meisten direkt eine wohlige Erwartungshaltung aus. Gerüche können auch Erinnerungen an zu Hause wecken oder an eine glücklich verbrachte Kindheit. Darf dein Hund also gezielt die Nase einsetzen und erfolgreich schnüffeln, wird er dieses Glücksgefühl auch mit dir verbinden, du führst ihn auf die Spur, versteckst für ihn den Gegenstand, den ihr dann zusammen findet. Denn am Anfang wirst du ihm dabei noch helfen. Schnüffelspiele fördern also ganz besonders die Bindung des Hundes an den Menschen.

### Suche nach Gegenständen

Viele Hunde finden das Spiel mit verschiedenen Gegenständen sehr spannend. Diese können aber nicht nur für ein Apportier- oder Hetzspiel verwendet werden, sondern auch für ein Suchspiel. Anfangs darf dein Hund dabei zuschauen, wie du den Gegenstand versteckst. Dabei gehst du verschiedene mögliche Verstecke ab, hinterlässt aber nur in einem die Beute. Als Versteck eignen sich z. B. hohes Gras, Farn, Astgabelungen oder Büsche. Damit das Spiel nicht langweilig wird, solltest du dir immer wieder neue Verstecke ausdenken (auch z. B. im Haus). Hat dein Hund die Übung verstanden, kannst du ein Signal hinzufügen, z. B. das Wort „Such", und eine schwingende Handbewegung in Richtung des Suchgebiets machen. Fortgeschrittene Sucher können auch mehrere Gegenstände suchen. Die Schwierigkeit der Suche kannst du steigern, indem du deinen Hund gar nicht mehr beim Verstecken der Gegenstände zuschauen lässt.

### Schnüffelspur

Spuren verfolgen macht Hunden Spaß, das wissen nicht nur Halter von Jagdhunden. Für den Hund spielt es aber keine Rolle, ob er die Spur eines flüchtenden Kaninchens verfolgt oder eine vom Menschen gelegte Spur. Für dieses Spiel benötigst du lediglich eine Wiese, die du betreten darfst sowie ein paar weiche Leckerchen. Als Erstes legst du auf der Wiese eine Spur aus, anfangs solltest du dabei kleine Schritte machen, damit sich keine großen Duftlücken in der Spur befinden. In unregelmäßigen Abständen lässt du immer wieder ein Leckerchen in die Spur fallen. Am Ende der Spur erwartet den Hund eine größere Menge Leckerchen oder aber eine andere spannende Beute. Dein Hund soll bei diesen Vorbereitungen nicht zuschauen, denn sonst würde er spätestens beim zweiten Mal direkt zum Ende der Spur laufen. Nach dem Legen der Spur holst du deinen Hund und führst ihn an einer längeren Leine zum Start. In der Regel weiß ein Hund bereits nach ein paar Metern, was hier von ihm erwartet wird. Sollte er aber doch einmal von der Spur abkommen, hilfst du ihm einfach wieder auf den Weg zurück, indem du deinen Hund ansprichst und mit der Hand auf die Spur verweist.

### Hütchenspiel

Für dieses Spiel benötigst du einige stabile Plastikbecher und eine ausreichende Anzahl Leckerchen. Du beginnst zunächst mit einem Becher. Dein Hund darf dabei zuschauen, wie du ein Leckerchen unter dem Becher versteckst. Danach darf er versuchen, an das Leckerchen zu kommen, indem er z. B. den Becher mit der Pfote umwirft oder mit dem Maul aufnimmt. Nun geht es an das eigentliche Spiel, es kommt ein zweiter Becher hinzu. Dein Hund schaut zu, wie du unter einem der Becher ein Futterstück versteckst, dann darf er dieses suchen. Anfangs kannst du deinem Hund dabei helfen, indem du in Richtung des Bechers zeigst, unter dem das Futter liegt. Später soll dein Hund allein, mithilfe seiner Nase, den richtigen Becher finden.

Denise versteckt ein Futterstück unter einem Plastikbecher. Anfangs darf Luna dabei noch zuschauen.

Nun wird Luna zur Suche geschickt. Sie hat das Futter sofort in der Nase und wählt den richtigen Becher.

# Lautsprache der Hunde

**Der Hund kann nicht nur besser riechen als der Mensch, auch sein Gehörsinn ist dem des Menschen um ein Vielfaches überlegen. Schon leiseste Geräusche kann er wahrnehmen.**

Der Hund lebt sozusagen in einer völlig anderen akustischen Welt, als wir Menschen es tun.

Er kann seine Ohren unabhängig voneinander in verschiedene Richtungen drehen, heben, senken und wenden. Der hörbare Hochfrequenzbereich liegt für das menschliche Ohr bei 20 000 Hertz (Hz). Dabei gilt dieser Wert nur für Kinder, die Hörfähigkeit reduziert sich mit jedem Jahrzehnt um ca. 2 000 Hertz. Erwachsene um die 40 nehmen maximal Töne bis 12 000 Hertz wahr. Hunde dagegen können Töne bis zu 50 000 Hertz wahrnehmen. Daher können Hunde die extrem hohen Töne einer Ultraschall-Hundepfeife hören, für uns liegen diese Werte im nicht hörbaren Ultraschallbereich.

Die Stehohren der Mischlingshündin Jemma sind auf Empfang. Sie hat sie aufmerksam aufgestellt.

**Wichtig**

### Hochfrequenzpfeifen

Martin Rütter und seine DOGS Coachs lehnen den Einsatz von hochfrequenten Pfeifen ab. Du musst wissen, ob die Pfeife bei der Anwendung überhaupt funktioniert hat, um richtig auf das Verhalten deines Hundes reagieren zu können.

Was allerdings den Niedrigfrequenzbereich betrifft, sind wir mit den Hunden fast auf gleichem Level, Menschen können Töne ab etwa 20 Hertz hören, Hunde ab etwa 15 Hertz. Das Hörvermögen eines Hundes ist also in Bezug auf den Frequenzbereich etwa viermal besser als das des Menschen. Dies gilt aber nur für den gesunden erwachsenen Hund, im Alter lässt die Hörfähigkeit des Hundes entsprechend der des Menschen deutlich nach, viele Hunde werden im Alter auch vollständig taub.

Milka liegt entspannt zu Hause im Flur und schläft. Sie wartet darauf, dass die Familie von der Arbeit zurückkommt.

## Der sogenannte sechste Sinn

Hunde können ein Geräusch aus viermal größerer Entfernung hören als wir Menschen. Oft spitzen sie die Ohren, während wir nicht einmal das leiseste Geräusch wahrgenommen haben, bleiben dann ruckartig stehen und horchen. Wir können das Verhalten unseres Hundes dann oft nicht deuten, da es für uns keine erkennbare Ursache gibt.

In diesen Bereich gehört auch der von manchen Menschen erwähnte „sechste Sinn" der Hunde. Sie wissen angeblich genau, wann Herrchen oder Frauchen nach Hause kommen. Natürlich hat unser Hund die bevorstehende Ankunft von Herrchen oder Frauchen schon wahrgenommen, bevor wir es tun. Sie kennen das Autogeräusch und die Schritte ihrer Menschen genau. Allerdings sind Hunde nicht nur hervorragende Hörer, sondern auch sehr gute

Milka wacht auf und wendet sich der Tür zu, obwohl Nicole noch gar nicht zu sehen ist.

Sie hat bereits das Auto von Nicole gehört, obwohl diese das Auto ein Stück weiter weg geparkt hat.

Hunde mit Stehohren können diese komplett aufstellen und in alle Richtungen drehen.

Je länger die Ohren, desto weniger kann der Hund sie aufstellen und in verschiedene Richtungen drehen.

Beobachter unserer Mimik und unseres Verhaltens. Oft verhalten wir uns vor der Rückkehr eines Familienmitglieds anders, es werden sogar bestimmte Gewohnheiten ausgeführt. Zum Beispiel wird gekocht, bevor die Kinder aus der Schule kommen oder wir decken den Tisch, räumen auf, bekommen vielleicht noch einen Anruf des Rückkehrers. Es gibt viele Rituale, die uns gar nicht mehr auffallen, unsere Hunde aber sehr wohl mit gewissen Ereignissen verbinden.

## Verschiedene Ohrformen

Einige Ohrformen sind besser für die Hundekommunikation geeignet als andere.

### Stehohren

Hunde mit Stehohren hören besser als Hunde mit Hängeohren. Die Form der aufrecht stehenden Ohren ist wie ein Trichter, der die Geräusche auffängt, verstärkt und lokalisiert. Bei Stehohren sieht man auch deutlicher, ob sie nach vorn gerichtet werden oder nach hinten angelegt sind.

### Hängeohren

Hängeohren, gerade die besonders langen, sind meist sehr tief angesetzt und decken den Gehörgang ab. Dadurch können sie nicht mehr besonders hoch aufgestellt werden, um Geräusche zu lokalisieren und einzufangen.

## Unterscheidung von Tönen

Mit ihrem feinen Gehör können Hunde sehr viele Wörter differenzieren. Hunde haben auch ein hervorragendes Gedächtnis für Töne: Scheitert ein Mensch bereits nach wenigen Minuten daran, einen zuvor gehörten Ton zu erkennen, erinnert sich ein Hund noch nach mehreren Stunden an genau den richtigen Ton. Daher sollte man z. B. bei einem auf eine Pfeife konditionierten Hund nicht von heute auf morgen eine andere Tonhöhe verwenden. Der Hund kann sogar lernen, bei verschiedenen Tönen unterschiedliche Signale auszuführen. Diese Möglichkeit wird besonders bei Hüte- und Jagdhunden genutzt, da sie auch auf Entfernung von ihrem Menschen gelenkt werden müssen.

Golden Doodle-Rüde Dexter setzt sich auf das Sichtzeichen von Thomas brav hin.

Auch wenn Thomas die Hauptbezugsperson ist, hat Dexter gelernt, auch die Signale von Mike auszuführen.

### Die Akustik der Wörter

Durch ihr hervorragendes Gehör und ihr Gedächtnis, Töne so differenziert wahrzunehmen, kommen Hunde auch in Familien klar, in denen mehrere Mitglieder mit ihnen auf sprachlicher Ebene kommunizieren. Für sie ist es kein Problem, das „Sitz" des Herrchens und das „Sitz" des Frauchens auszuführen, vorausgesetzt natürlich, sie haben die Bedeutung des Wortes zuvor erlernt. Verändert man aber ein für den Hund bekanntes Wort wie „Sitz" durch einen ähnlich klingenden Laut, z. B. „Spitz", so hat es für den Hund dieselbe Bedeutung. Er unterscheidet die Wörter nicht nach ihrer Bedeutung, sondern nach ihrer Akustik (Feddersen-Petersen, 1986). Daher sollte man Signale immer so wählen, dass sie sich deutlich voneinander unterscheiden. Für einen Hund, der Fritz heißt, als Signal zum Sitzen das Wort „Sitz" auszuwählen, ist denkbar ungünstig.

Neue Wortzusammensetzungen kann der Hund zudem nicht mit eigenem Denken als neuen Begriff verstehen, auch nicht, wenn ihm die Bedeutung der einzelnen Wörter bekannt sind. Selbst wenn der Hund also gelernt hat, auf das Wort „Stuhl" dorthin zu laufen, um sich auf „Sitz" zu setzen, kann er mit dem Satz „Sitz auf dem Stuhl" nichts anfangen.

**Wichtig**

## Mit Hunden flüstern

Da Hunde sehr stark auf den Klang unserer Stimme reagieren und unsere Stimmung daran ablesen können, sollten wir immer darauf achten, wie wir mit Hunden sprechen. Es ist ratsam, nicht mit einer herrischen, lauten Stimme zu seinem Hund zu sprechen. Im alltäglichen Leben sollten wir lieber leise und ruhig zu ihm sprechen, damit wir in ernsten Situationen auch durch die Stimme die Gewichtung der Situation deutlich machen können.

# Wie Hunde Signale verstehen lernen

Ein Hund lernt ein Signal mithilfe der klassischen und operanten Konditionierung: Das Sitzen an sich braucht man einem Hund nicht beizubringen. Der Hund muss lediglich lernen, dieses Verhalten aufgrund eines bestimmten Signals von uns auszuführen. Dazu bringst du zunächst deinen Hund z. B. mithilfe von Futter dazu, dieses Verhalten auszuführen. Beim Beispiel „Sitz“ führst du dazu einfach die Hand, in der sich Futter befindet, über die Nase deines Hundes nach hinten. In dem Augenblick, in dem sich der Hund setzt, gibst du ihm das Futter. Er lernt also hier mithilfe der positiven Verstärkung, einem Lerngesetz der operanten Konditionierung, dass es sich lohnt, sich zu setzen. Daher wird er dieses Verhalten nun häufiger zeigen. Setzt sich dein Hund nach einigen Wiederholungen auf die Handbewegung zügig hin, ist es an der Zeit, das neue Signal hinzuzufügen. Kurz bevor dein Hund also tatsächlich sitzt, fügst du das neue Signal, z. B. das Wort „Sitz“, hinzu. Nach mehreren Wiederholungen hat dein Hund verknüpft, dass das Signal und die Handlung zusammengehören. Er hat das neue Signal gelernt! Ab sofort kannst du es als Auslöser für die Handlung „Sitz“ verwenden. Dieser Vorgang folgt dem Prinzip der klassischen Konditionierung.

Australian Shepherd-Hündin Joy hat bereits gelernt, sich überall auf das Zeichen ihres Menschen zu setzen.

## Lernen durch Wiederholung

Hat dein Hund ein Signal gelernt, heißt das aber noch lange nicht, dass er es auch wirklich im Langzeitgedächtnis abgespeichert hat. Dazu bedarf es vieler Wiederholungen in unterschiedlichen Umgebungen und Situationen. Erst wenn dein Hund ein Signal mehrere tausend Mal ausführt, hat er dieses Signal wirklich gelernt. Es ist nun fest im Langzeitgedächtnis abgespeichert und dein Hund wird es, selbst wenn es lange Zeit nicht abgerufen wird, nicht vergessen. Dieses Phänomen kennt wohl jeder, der glaubte, unerwünschtes Verhalten des Hundes erfolgreich abtrainiert zu haben. Hatte der Hund vorab das unerwünschte Verhalten durch ständige Wiederholungen über einen langen Zeitraum bereits ritualisiert, kann auch nach einer langen Zeit, in der sich dieses Verhalten nicht mehr zeigte, ein kleiner Auslöser erneut zum unerwünschten Verhalten führen.

## Unterschiedliche Umgebung

Damit dein Hund ein Signal immer zuverlässig ausführt, muss er generalisieren. Würde man mit einem Hund das Signal „Sitz" immer nur im Wohnzimmer üben, könnte er zu dem Schluss kommen, dass diese Variable zwingend zur Übung dazugehört. Er wird dann im Wohnzimmer das Signal zuverlässig ausführen, in einem anderen Raum dich jedoch verwundert anschauen, wenn du ihm dort das bekannte Signal sagst. Damit dein Hund lernt, auf welchen Teil der Übung es wirklich ankommt, nämlich auf das Signal „Sitz" und auf das Sich-Hinsetzen, musst du nach dem ersten Erlernen immer wieder an einer anderen Stelle trainieren. Zunächst einmal kannst du z. B. in der Küche trainieren, danach dann draußen im Garten und schließlich an den verschiedensten Stellen, wie z. B. im Park, im Wald oder aber an verschiedenen Stellen in der Stadt. Je unterschiedlicher die Räumlichkeiten sind und je stärker die Ablenkungsreize gesteigert werden, desto sicherer wird dein Hund dieses Signal am Ende in jeder Situation ausführen.

## Was tun, wenn es nicht klappt?

Wenn sich beim Aufbau eines neuen Signals Probleme ergeben, musst du als Erstes die Umgebungsvariablen prüfen. Ist dein Hund überhaupt motiviert, diese Übung auszuführen? Ein Hund, der satt ist, wird z. B. kaum Interesse an einem einzelnen Futterstück haben. In einem solchen Fall solltest du das Training verschieben und es kurz vor die nächste große Mahlzeit des Hundes legen. Vielleicht kann sich dein Hund aber auch einfach nicht auf die Übung konzentrieren, weil die Ablenkungsreize für ihn zu schwierig sind. Draußen im Park gibt es viel mehr Ablenkungen durch fremde Menschen, Artgenossen oder durch Wild als z. B. im eigenen Garten. Daher wählt man zu Beginn eine Umgebung mit weniger Ablenkungsreizen aus und steigert die Reize dann Schritt für Schritt wieder. Möchte dein Hund ein Signal absolut nicht ausführen, solltest du überprüfen lassen, ob er gesundheitlich überhaupt in der Lage ist, das Signal auszuführen. Ein Hund mit Problemen im Rücken wird sich z. B. nicht gern hinsetzen.

Ginala hat gelernt, sich auf das Sichtzeichen von Andrea hinzulegen.

Ginala hält aufmerksam Kontakt zu Andrea und wartet ab, ob nun ein weiteres Signal folgt.

Da Ginala gelernt hat, sich auf das Hörzeichen „Down“ hinzulegen, legt sie sich brav hin, auch wenn Andrea für sie nicht sichtbar hinter einer Zimmerecke steht.

## Hör- und Sichtzeichen

Die Verständigung durch Laute spielt für Hunde gegenüber der visuellen Kommunikation nur eine untergeordnete Rolle. Daher macht es Sinn, dem Hund nicht nur ein Hörzeichen, wie z. B. das Signal „Sitz“ oder „Down“ beizubringen, sondern auch ein jeweils dazu passendes Sichtzeichen. Hunde lernen diese Sichtzeichen sehr leicht, weshalb du immer wieder einmal überprüfen solltest, auf welches Signal dein Hund nun eigentlich reagiert. Legt er sich hin, weil er dein Handzeichen gesehen hat oder aufgrund deines Hörzeichens „Down“? Vielleicht hat dein Hund auch gelernt, sich auf die Kombination der beiden Signale hinzulegen? Denn das kann ebenfalls ein Grund sein, weshalb dein Hund ein Signal nicht ausführt. Du kannst ganz einfach ausprobieren, ob dein Hund auf Hör- und Sichtzeichen auch einzeln reagiert bzw. ob für ihn die Kombination entscheidend ist. Stelle dich dazu vor deinen Hund und führe dein Sichtzeichen für „Down“ aus. Sag dabei nichts. Legt sich dein Hund hin, hat er das Sichtzeichen erlernt. Beim nächsten Mal soll dein Hund sich allein aufgrund des Hörzeichens hinlegen. Da Menschen dazu neigen, auch unbewusst körpersprachliche Signale zu geben, solltest du dich dazu außer Sichtweite deines Hundes hinstellen, z. B. verdeckt durch eine Raumecke. Sprich nun dein Hörzeichen deutlich aus. Warte noch ca. 2 Sekunden, bevor du zu deinem Hund zurückkehrst. Liegt er brav, kannst du davon ausgehen, dass er auch das Hörzeichen verstanden hat. Du kannst dir bei diesem Test auch von einer Person helfen lassen. Diese sitzt unbeteiligt im Raum mit Sichtkontakt zu deinem Hund und kann dir sagen, ob sich dein Hund hingelegt hat.

# Kommunikation über Laute

Dass neben der olfaktorischen auch die auditive Kommunikation sehr wichtig ist, wird an den vielen unterschiedlichen Lautäußerungsmöglichkeiten der Hunde deutlich. Hunde sind durchaus in der Lage, sich differenziert zu äußern, sie können bellen, wuffen, fiepen, winseln und vieles mehr.

Ein Hund, der akustische Laute von sich gibt, tut dies meist zur Unterstützung und Verstärkung seiner körperlichen Signale, mit denen er primär kommuniziert. Bei der Kommunikation zwischen Hund und Mensch entwickeln viele Hunde eine verstärkte Lautsprache, um die vom Menschen oft nicht wahrgenommenen körperlichen Signale zu unterstützen. Unsere Körpersprache hat sich durch zunehmende sprachliche Gewandtheit und Zivilisation sicher sehr stark reduziert. Wir sind für die rein optische Kommunikation viel unsensibler geworden.

„Hunde können nicht sprechen, weil sie physikalisch keine Kontrolle über Zunge, Gaumen, Lippen und Stimmbänder haben“ (Coren, 2002). Noch vor der Spracherzeugung gehört das Sprachverständnis zu den frühesten Formen von Sprachentwicklung. „Da Hunde Töne unterscheiden können, können sie eine passive Sprachfähigkeit entwickeln“ (Coren, 2002).

Die Art, mit der Hunde mit uns kommunizieren, entspricht in etwa der gleichen intellektuellen Ebene wie bei bis zu zweijährigen Kleinkindern. Genau wie Kinder, können sie viele verschiedene Wörter und ihre Bedeutungen unterscheiden, aber selbst nicht differenziert äußern.

## Tonlage, Tondauer und Wiederholungsintensität

Auch die Tonlage, die Tondauer und die Wiederholungsintensität, in der Hunde ihr Bedürfnis äußern, sind wichtig.

Tiefe Töne, wie z. B. das Knurren, haben meist drohende Bedeutung und sind ein Zeichen für Aggression. Hohe Töne, wie das Winseln, haben genau die gegenteilige Bedeutung. Sie ziehen die anderen Hunde eher positiv an bzw. hemmen die eigene Aggression. Winselt ein Hund, nähern sich die anderen Hunde vorsichtig, um zu sehen, was passiert ist. Aber auch das Spielbellen zur Spielaufforderung wird eher in hohen Tönen von sich gegeben, um ein gemeinsames Spiel zu initiieren. Hat ein Hund große Angst, stellt er Lautäußerungen oft vollständig ein.

Knurrt ein Hund einen anderen Hund an und erreicht damit nicht dessen Beschwichtigung und Rückzug, geht er davon aus, dass sein Warnsignal nicht verstanden wurde. Der Hund wird akustisch zwar ruhig, geht aber lautlos in einen Angriff über. Ebenso wird auch ein ängstlicher Hund versuchen, so schnell und still wie möglich zu fliehen, um seinen Vorsprung so groß wie möglich zu halten.

Viele Hunde geben bei der Verfolgung von Wild eher hohe Töne von sich, was auch als „Sichtlaut“ bezeichnet wird. Diese angeborenen Laute zeigen dem Jäger, wo sich der Hund und somit auch das Wild befindet, und wurden durch gezielte Zuchtauslese vom Menschen verstärkt.

Je länger ein Hund einen Ton hält, z. B. je länger er knurrt, desto sicherer ist er sich in seinem Signal und desto sicherer ist er sich auch seiner darauffolgenden Handlung.

Knurrt ein Hund tief und lange, um sein Revier zu verteidigen, wird er sicher nicht weichen. Knurrt er hingegen kurz, ist seine Drohung von Furcht begleitet; der Hund ist sich seines Durchsetzungsvermögens noch nicht ganz sicher.

Knurrt ein Hund im Training also tief und lang, sollte man die gerade ausgeführte Aktion, z. B. einen Richtungswechsel beim Leinenführigkeitstraining, sofort abbrechen. Der Hund könnte sonst zu einer stärkeren Aggression übergehen.

Die Häufigkeit der Wiederholung einer Lautäußerung enthält auch wichtige Informationen über die Erregung und Dringlichkeit. Bellt ein Hund schnell hintereinander, hat er ein für ihn subjektiv wichtigeres Anliegen als ein Hund, der mit Pausen hin und wieder mal bellt. Er zeigt damit kein oder nachlassendes Interesse und ist nicht wirklich innerlich erregt (Coren, 2002).

**Wichtig**

### Tonlage und Stimmung

Die meisten Menschen können die unterschiedlichen Töne ihres Hundes unterscheiden und mehr oder weniger richtig deuten. Der Hund bellt anders aus Angst, als wenn er etwas haben möchte. Man muss ihn dazu nicht einmal sehen.

Das Spiel zwischen Emma und Abbey ist oft recht wild. Um ernsthafte Aggressionen zu vermeiden, spielt nicht nur die übertriebene Körpersprache eine Rolle, sondern auch die lautstarken Äußerungen beider Hunde.

## Heulen

Das Positive an akustischer Signalgebung ist die Kommunikation auf Distanz. Insbesondere das Heulen dient als „Langstrecken-Kommunikationsmittel“ (Neville, 1992). Erwachsene Wölfe können das Heulen eines bis zu sechs Kilometer entfernten Wolfes noch hören.

### Heulen aus Einsamkeit

Ein Hund kann aus territorialen Gründen heulen, nutzt es aber auch als Gruppenverhalten. Wie seine Vorfahren, die ihr Rudel zusammengeheult haben, kann auch ein Hund aus Einsamkeit heulen, wenn er z. B. allein zu Hause gelassen wird. Häufig wird ein allein gelassener Hund allerdings eher bellen und nur kurz ein Heulen dazwischenschieben. Durch dieses Heulen versucht er, seine Sozialpartner zu sich zurückzurufen. Wohnen mehrere Hunde in der Nachbarschaft eines solchen „Heulers“, besteht durch das Gruppenheulen die Möglichkeit, dass andere Hunde mitheulen. Sie heulen zusammen mit ihren Artgenossen. Bekannt sind auch viele Hunde, die bei Hausmusik, Glockengeläut oder der Sirene eines Krankenwagens mit einstimmen. Insgesamt heulen Hunde aber deutlich weniger als Wölfe oder überhaupt nicht.

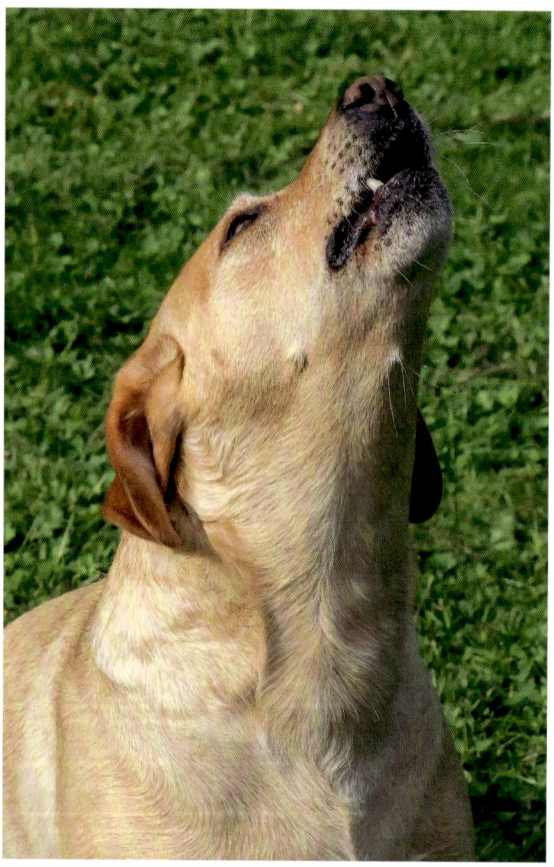

Ginala muss allein warten. Nach kurzer Zeit beginnt sie zu heulen, um auf ihre Einsamkeit aufmerksam zu machen.

### Territoriales Heulen

Territoriales Heulen wird auch als Revierheulen bezeichnet. Der Hund teilt damit anderen Hunden seine Existenz mit. Dieses Heulen kann sehr lange Zeit ausgeführt werden und andere Hunde aus der Nachbarschaft können mit einsteigen, um auch von ihrer Revierzugehörigkeit zu berichten.

### Fiepheulen

Fiepheulen drückt Einsamkeit aus. Der Hund fühlt sich allein, fiept und zieht den Heulton sehr lang; er versucht auf sich aufmerksam zu machen.

→ Fiepheulen zeigen Hunde häufig, wenn sie in einem anderen Raum, abseits der Familie, untergebracht sind.

### Bellheulen

Bellheulen ist eine Lautäußerung des Hundes bei völliger, lang anhaltender Isolation. Durch das Bellen deutet der Hund auf den Wunsch hin, bei Schwierigkeiten die Hilfe seiner Rudelmitglieder zu bekommen. Das Heulen hingegen macht auf seine Einsamkeit aufmerksam und wird in der Hoffnung geäußert, dass jemand antwortet oder kommt (Coren, 2002).

→ Bellheulen zeigen häufig Hunde, die für mehrere Stunden allein zu Hause gelassen werden und das Alleinbleiben nie positiv erlernt haben.

Delilah muss ein Stück entfernt von ihrem Menschen angebunden warten. Sie beginnt zu fiepen, um die Aufmerksamkeit ihres Menschen zu erlangen.

## Fiepen

Fiepen ist immer ein Heischen um Aufmerksamkeit. Langeweile oder Unterbeschäftigung können Auslöser hierfür sein. Die meisten Hunde, die ein solches Verhalten regelmäßig zeigen, haben eine sehr geringe Frustrationstoleranz und haben gelernt, dass sie spätestens durch Fiepen die gewünschte Aufmerksamkeit auch bekommen. Das Fiepen eines Hundes sollte ignoriert werden. Nur so wird er lernen, dass er mit diesem Verhalten keinen Erfolg hat. Das Fiepen ist oft durch vom Menschen bewusste oder auch unbewusste Reaktionen antrainiert.
→ Dein Hund muss z. B. bei einem Restaurantbesuch neben dem Tisch warten, bis du das Restaurant wieder verlässt. Da du ihm in dieser Zeit keinerlei Aufmerksamkeit schenkst, versucht er diese durch Fiepen zu bekommen. Ignorierst du sein Verhalten, wird dein Hund das Fiepen nach einiger Zeit einstellen. Bestätigst du ihn jedoch immer wieder, indem du ihm z. B. gut zuredest, wird er zwar in diesem Augenblick das Fiepen einstellen, aber im nächsten Moment wieder damit anfangen, um weitere Aufmerksamkeit zu bekommen.

## Wuffen

Eine Vorstufe des Bellens ist das sogenannte Wuffen. Es ist ein abgeschwächtes, meist einsilbiges Warnbellen, das auch bei Wölfen zu beobachten ist. Beim Wuffen bleibt das Maul fast komplett geschlossen, wobei sich die Wangen des Hundes bei der Lautäußerung leicht aufblasen.
→ Dein Hund hört im Haus ein Geräusch, das er nicht einordnen kann. Darauf solltest du auf jeden Fall reagieren, indem du in Richtung der vom Hund bemerkten „Gefahr" nachsieht.

## Bellen

Das Bellen eines Hundes besteht aus langen Sequenzen und Variationen. Er kann knurrbellen, heulbellen usw. Bellen kann viele Bedeutungen haben. Hierbei ist es wichtig, auf die Art des Bellens und die dabei gezeigte Körpersprache zu achten.

Ein Hund bellt z. B. aus folgenden Gründen:
- aus territorialen Gründen: wachsames, warnendes oder alarmierendes Bellen, Bellen zur Verteidigung
- zur Begrüßung: begrüßendes Bellen
- zur Korrektur: korrigierendes Bellen
- als Aufforderung, z. B. zum Spiel: forderndes Bellen
- aus Unsicherheit: unsicheres Bellen

### Unterschiedliche Bellfreude

Die Dauer des Bellens kann unterschiedlich sein: Ein Hund, der z. B. aus Frustration bellt, kann dies ohne Probleme eine Stunde lang. In diesem Fall muss man natürlich die Situation verändern, da sie weder für den Hund noch für den Menschen auf Dauer zumutbar ist.

Hunde größerer Rassen, wie Bernhardiner oder Neufundländer, haben eine tiefere Stimme als Vertreter kleinerer Rassen, wie Chihuahuas oder Rehpinscher, und bellen auch in einem langsameren Rhythmus. Ebenso gibt es zum einen Hunderassen, die viel bellen, wie die Terrier, und zum anderen Hunderassen, die eher weniger bellen, wie die Basenjis. Dies wird einerseits dadurch begründet, dass Terrier durch züchterische Auslese auf dieses Merkmal hin selektiert wurden. Bei der Jagd mit dem Menschen ist es von Vorteil, wenn der Hund bellt. So kann der Mensch z. B. den Terrier im Fuchsbau oder einen Hund, der auf einer Fährte hoch erregt und konstant bellt, besser orten. Ursprünglich machte es für den Hund jedoch mehr Sinn, leise zu jagen, da er sonst das Wild vertrieben hätte. Allerdings jagen die wenigsten Haushunde noch biologisch funktional.

### Ausdrucks- und Bellverhalten

Andererseits gibt es laut Feddersen-Petersen einen Zusammenhang zwischen mimischer Ausdrucksfähigkeit und der Ausprägung des Bellverhaltens bei Hunden. So zeigen z. B. die mimisch ausdrucksstarken Alaskan Malamutes nur zwei unterscheidbare Belltypen und bellen wenig. Pudel, die sehr starke mimische Reduktionen aufweisen, zeigen aber sechs unterschiedliche Belltypen und bellen eher viel. „Es scheint so zu sein, dass reduziertes optisches Ausdrucksverhalten durch häufigeres Äußern einer größeren Anzahl von Bellformen »ausgeglichen« wird. Allerdings lässt sich bislang keine klare Linie diesbezüglich aufzeigen und es gibt immer wieder »Ausreißer«" (Feddersen-Petersen, 2004). Ich persönlich kann dieser These nicht zustimmen. Es gibt genügend Rassen, die das Gegenteil beweisen. Ich will an dieser Stelle nur die Bordeauxdogge nennen. Diese Rasse hat extrem geringe mimische Möglichkeiten, gehört aber eindeutig zu den Hunderassen mit sehr geringer Tendenz zum Bellen.

### Wachsames Bellen

Die meisten Hunde sind ausgesprochen wachsame Tiere, worauf sie zum Teil auch bei der Domestizierung selektiert wurden. Das wachsame Bellen dient zum einen dazu, andere Gruppenmitglieder vor einer Gefahr oder einem Eindringling zu warnen, und zum anderen, dem Eindringling anzuzeigen, dass er bemerkt wurde.

→ Bist du durch das Gebell deines Hundes genervt und reagierst mit lautem Geschrei, so fühlt sich dein Hund oft nur bestätigt und denkt, dass du genauso aufgeregt bist wie er und mitbellst. Ihr versucht quasi euch gegenseitig nur zu übertönen. Verbietest du deinem Hund das Bellen, fühlt er sich mit seiner Warnung nicht ernst genommen, denn schließlich hat er ja eine Gefahr bemerkt. Hier könnte es passieren, dass dein Hund künftig selbst die territoriale Sicherung übernimmt. Stattdessen solltest du die Warnung deines Hundes annehmen und selbst nach dem Rechten sehen.

Vizsla-Rüde Jiggar hat eine drohende Gefahr bemerkt. Aufmerksam dreht er den Kopf in Richtung der Gefahr (z. B. des sich schnell nähernden Menschen), fixiert diese und bellt warnend.

## Warnendes Bellen

Warnendes Bellen wird als Warnsignal genutzt. Es ist gekennzeichnet durch eine schnelle Folge von drei bis vier Belllauten in mittlerer Tonlage mit Pausen dazwischen (Coren, 2002). Die Situation ist dabei noch relativ entspannt, die Gruppenmitglieder sollen kommen und sich die Sache einmal ansehen. Sehr häufig entsteht das warnende Bellen, nachdem der Hund zuvor gewufft hatte.

→ Ein anderer Hund läuft am Haus (Revier) vorbei. Auf dieses Bellen solltest du insofern eingehen, dass du dir die vom Hund bemerkte Gefahr anschaust. Dein Hund sollte dich dabei nicht begleiten, sondern von Weitem zusehen. Du übernimmst also selbst die Sicherung der Gruppe/Familie.

### Bellen auf dem Grundstück

Wer kennt ihn nicht, den Hund, der laut bellend am Gartenzaun hin und her läuft, wenn ein Fremder den Weg entlang des Zaunes kommt. Manche Hunde zeigen dieses Verhalten nur dann, wenn ein anderer Artgenosse gesichtet wird. Andere Hunde verbellen jeden Menschen, der nur in die Nähe kommt. Besonders territoriale Hunde zeigen dieses Verhalten verstärkt; der Hund will mögliche Eindringlinge vom eigenen Grundstück fernhalten. Und er hat aus seiner Sicht ja auch Erfolg, denn der Fremde lässt sich vertreiben. Dass der Mensch sowieso, unabhängig vom Verhalten des Hundes, am Grundstück vorbeigehen wollte, weiß der Hund ja nicht. Damit ein Hund dieses Verhalten nicht entwickelt, sollte man ihn nicht allein im Garten lassen. Denn dann fühlt er sich erst recht für die Verteidigung des eigenen Bereichs zuständig, seine Menschen haben sich schließlich in die Sicherheit des Hauses zurückgezogen. Ist dein Hund zusammen mit dir im Garten, kannst du eingreifen. Immer dann, wenn dein Hund bellt, weil er eine sich nähernde Gefahr bemerkt, rufst du deinen Hund zu dir und legst ihn ab. Danach gehst du selbst in Richtung Zaun, um dich zu vergewissern, dass alles in Ordnung ist. Dadurch übernimmst du aus Sicht des Hundes diese wichtige Aufgabe, dein Hund kann nun entspannt im Garten verweilen.

Phoebe zeigt der entgegenkommenden Frida, dass diese sich in ihrem Territorium befindet. Sie bellt, da sie nicht zu Frida laufen kann, um dies körpersprachlich zu demonstrieren.

### Alarmierendes Bellen

Das alarmierende Bellen wird als Alarmsignal genutzt, der Hund ist sehr erregt. Es ist gekennzeichnet durch eine schnelle Folge von Belllauten in mittlerer Tonlage (Coren, 2002). Die anderen Gruppenmitglieder sollen sich bereit machen, es dringt jemand in das Revier ein.

→ Ein fremder Mensch kommt auf euer Grundstück. Auch hier solltest du wieder die Aufgaben des Familienoberhauptes übernehmen und als Erster Kontakt mit dem „Eindringling" aufnehmen. Du klärst die Situation für deinen Hund.

#### Bellen an der Haustür

Hunde bellen aus unterschiedlichen Gründen an der Haustür. Zum einen können hier genauso wie am Gartenzaun territoriale Gründe vorliegen. Der Hund hört einen Eindringling, der sich dem Haus nähert. Er will diesen melden und ggf. fernhalten. Für die meisten Hunde ist es unverständlich, dass wir jeden Fremden einfach so in unser Haus bitten.

Das Bellen an der Haustür kann aber auch erlernt sein. Kein Welpe, der vom Züchter zu seinem neuen Halter kommt, wird bellend zur Tür rennen, wenn es klingelt. Dieses Verhalten bringen wir ihm unbewusst bei. Denn immer wenn es klingelt, gehen wir zur Tür und unterhalten uns dort mit einem „Fremden" bzw. bitten diesen sogar ins Haus. Und natürlich darf der kleine Welpe mit zur Tür, er soll ja Sozialkontakt haben und möglichst viele verschiedene Menschen kennenlernen. Der Besuch bricht dann in der Regel ob des entzückenden Welpen in Begeisterungsrufe aus – er wird ausgiebig gestreichelt – wir sind erst einmal vergessen. Unser Welpe lernt also mit der Zeit, dass die Türklingel „seinen" Besuch ankündigt. So rennt er schon beim Ertönen der Klingel aufgeregt zur Tür und bellt. Dieses Bellen ist dann entweder begrüßendes Bellen aufgrund des erwarteten Besuches oder aber forderndes Bellen: Wir sollen uns doch bitteschön beeilen, die Tür zu öffnen!

### Alarmierendes Bellen an der Leine

Da gehen wir ganz entspannt mit unserem Hund an der Leine spazieren und plötzlich wird aus dem brav hinter uns hertrottenden Vierbeiner ein bellender und zähnefletschender Hund, der wie wild in die Leine springt. Und das alles nur, weil ein anderes Mensch-Hund-Gespann entgegenkommt. Unser Hund versucht alles, um zum anderen Hund zu gelangen und beruhigt sich erst wieder, wenn wir uns in unterschiedliche Richtungen entfernt haben. Der Grund für dieses Verhalten liegt nicht etwa darin, dass der Hund sich an der Leine zusammen mit seinem Menschen stärker fühlt. Denn dann hätte er ein solches Verhalten ja gar nicht nötig. Wer sicher und souverän ist, wer sich seiner Stärke bewusst ist, der hat es nicht nötig, sich aufzuregen und den anderen durch ein überdeutliches Demonstrieren seiner Waffen von seiner Stärke zu überzeugen. Ein solcher Hund ist also immer ein eher unsicherer Hund. Viele Hunde fühlen sich an der Leine eingeschränkt, sie können nicht so kommunizieren, wie sie es freilaufend tun würden. Der Hund kann z. B. nicht abdrehen oder einen Bogen laufen und dem entgegenkommenden dadurch signalisieren, dass er keinen Streit möchte.

### Bellen zur Verteidigung

Das Bellen zur Verteidigung ist gekennzeichnet durch langsames, anhaltendes Bellen in tiefer Tonlage (Coren, 2002). Der Hund fühlt sich bedroht und ist zur Verteidigung bereit. Der Eindringling ist nicht bekannt bzw. nicht erwünscht.

→ Ein fremder Mensch steht vor der Haustür. Als Besucher sollte man mit diesem Hund keine Konfrontation suchen, da der Hund ernsthafte Konsequenzen folgen lassen könnte. Im Umkehrschluss darf man einen solchen Hund natürlich niemals als Ersten den Besuch begrüßen lassen, da die Gefahr für den Besucher groß sein kann.

### Begrüßendes Bellen

Diese Form des Bellens zeigt der Hund zur Begrüßung, sie löst häufig das alarmierende Bellen ab. Es ist gekennzeichnet durch ein oder zwei scharfe, kurze Belllaute in hoher oder mittlerer Tonlage (Coren, 2002). Aus meiner Erfahrung heraus, erlebe ich das begrüßende Bellen als ein lang anhaltendes Bellen, das ritualisiert so lange ertönt, bis eine Begrüßung von Seiten des Menschen erfolgt.

→ Besuch oder Familienmitglieder kommen zur Tür herein und sollten die Begrüßung durch den Hund tolerieren und ihn auch kurz begrüßen, wenn er dabei nicht zu aufdringlich ist. Auf keinen Fall sollte dein Besuch jedoch enthusiastisch auf die Begrüßung deines Hundes eingehen, da dieser sonst in seiner Forderung bestärkt würde.

### Korrigierendes Bellen

Der Hund zeigt diese Form des Bellens, wenn er z. B. gestört wurde. Sie ist gekennzeichnet durch einen scharfen, kurzen Bell-Laut im unteren Bereich der mittleren Tonlage (Coren, 2002). Es wird geäußert, wenn man den Hund z. B. im Schlaf stört, am Fell zieht oder in einer anderen Form plötzlich belästigt. Der Hund möchte das Verhalten unterbinden. Hündinnen wenden dieses Bellen z. B. auch zur Korrektur der Welpen an.

→ Das Kind der Familie tobt zu wild mit dem Hund. In diesem Fall solltest du möglichst schnell, bevor es zu einer Korrektur des Hundes kommt, das Spiel unterbrechen.

Für mich ist es äußerst spannend zu beobachten, dass Hunde, die nur unter ihresgleichen leben, das korrigierende Bellen eher selten und in aller Regel nur kurz benutzen. Hunde, die mit Menschen leben, setzen diese Maßregelung Menschen gegenüber allerdings häufig ein.

Simon testet durch Auflegen der Pfote das Aufreiten auf Crispy an. Diese reagiert mit korrigierendem Bellen.

## Forderndes Bellen

Hunde, die fordernd bellen, versuchen damit häufig, ihren Menschen zu erziehen. Sie machen ihm deutlich, dass sie etwas genau jetzt haben möchten. Dieses Bellen ist gekennzeichnet durch einzelne scharfe kurze Laute im oberen Bereich der mittleren Tonlage. Geht man darauf ein, hat der Hund seinen Willen bekommen und wird diese Strategie von jetzt an öfter einsetzen. Denn der Hund hat seinen Menschen in diesem Moment nicht nur erzogen, er wird auch noch in seiner Handlung bestätigt. Das fordernde Bellen eines Hundes kann sehr anstrengend sein, sollte aber ignoriert werden. Der Hund wird nur so lernen, dass er mit diesem Verhalten keinen Erfolg hat.

→ Fordert dich dein Hund mit seinem Bellen zu einem Spiel auf, solltest du erst wieder mit ihm spielen bzw. ihn beachten, wenn er für längere Zeit ruhig geblieben ist.

Wird ein Hund geistig und/oder körperlich unterfordert, kann er aus Langeweile fordernd bellen, es ist seitens des Hundes ein ritualisiertes Bellen. Er bellt als Aufforderung, dass etwas passieren soll. Er möchte die momentane Situation ändern und versucht sich einzubringen. Um die Entstehung dieses Bellens zu verhindern, ist es wichtig, dass man dem Hund ausreichend Beschäftigungen anbietet, sodass es für ihn langfristig nicht mehr notwendig sein wird, fordernd zu bellen.

Forderndes Bellen findet man auch in der Kommunikation von Hund zu Hund. Um einen anderen Hund zum Spielen aufzufordern, wird das Spielaufforderungsbellen gezeigt. Der Hund geht dazu in die Spielhaltung, er legt sich mit dem Vorder-

Anouk liebt das Spiel mit dem Ball. Sobald sie Uwe den Ball zurückgebracht hat, legt sie sich vor ihn hin und bellt, damit dieser den Ball erneut wirft.

Jack ist ein unsicherer Hund. Dies zeigt er durch die Körperhaltung mit abgesenkter Rute und Rundrücken.

Nähert sich Jack ein fremder Mensch, so verbellt er diesen ängstlich mit Blick nach oben.

körper nach unten ab, nimmt Kopf und Hinterkörper hoch und bellt den Partner dabei in kurzen hohen Tönen mehrfach an. Dabei kann vor- oder zurückgesprungen werden, um der Situation mehr Dynamik zu verleihen.

### Unsicheres Bellen

Bellt ein Hund unsicher, möchte er das, wovor er Angst hat, durch sein Bellen vertreiben, auf Distanz halten. Er hofft, dass die Unsicherheit des angebellten Objekts größer ist als seine eigene. Dieses Bellen ist gekennzeichnet durch eine schnelle Abfolge von Bell-Lauten im Bereich der hohen Tonlage (Coren, 2002). Das unsichere Bellen eines Hundes ist oft auf eine nicht ausreichende Sozialisation und eine starke Überforderung in dieser Situation zurückzuführen.

**Wichtig**

### Angst

Das Lernverhalten eines Hundes, der Angst hat, ist deutlich verlangsamt. Ängstliche Hunde brauchen immer mehr Zeit und Geduld seitens ihrer Menschen (siehe auch Literaturempfehlung „Angst bei Hunden“).

→ Dein Hund bellt auf dem Spaziergang die an diesem Tag an die Straße gestellte Mülltonne an, die er dort nicht erwartet hat. Du kannst in diesem Fall einfach zu dem Gegenstand gehen und ihn dir anschauen. Doch auf keinen Fall darfst du deinen Hund dazu zwingen, sich dem Gegenstand zu nähern. Dies führt in aller Regel zu einem starken Vertrauensverlust dem Menschen gegenüber.

### Signal „Ruhig“

Einem Hund, der sich schnell aufregt, kann man durch das Signal „Ruhig“ helfen, sich zu entspannen. Es signalisiert ihm, dass in dieser Situation keine Gefahr droht und er sich nicht aufregen muss. Viele Hunde empfinden es z. B. als angenehm, wenn sie gestreichelt werden. Diese Situation kannst du mit einem Signal verknüpfen, indem du z. B. während du ihn streichelst das Wort „Ruhig“ aussprichst. Kommt dein Hund nun in einen Zustand, der ihn sehr aufregt, kannst du ihn mithilfe dieses Signals aus seinem Erregungszustand holen, dein Hund ist wieder ansprechbar. Beim Aufbau dieses Signals musst du allerdings beachten, dass du zunächst einmal Situationen auswählst, in denen dein Hund nur leicht erregt ist. Schritt für Schritt kannst du dann schwierigere Situationen wählen, bis es auch in Situationen funktioniert, in denen dein Hund bisher nicht ansprechbar war.

## Knurren

Welpen zeigen kurz vor der Sozialisierungsphase die ersten Knurrlaute, äußern sie jedoch zunächst noch sehr undifferenziert. Das Knurren ist hier eher ein Zeichen für Erregung. Die feinere Differenzierung lernen sie dann im Spiel mit anderen Hunden.

### Weiches, tiefes Knurren

Das weiche, tiefe Knurren, das eher aus der Brust zu kommen scheint, setzt der Hund zur Drohung ein (Coren, 2002). Der Hund ist selbstbewusst und möchte durch das Knurren sein Gegenüber dazu bringen, sich von ihm zu distanzieren.

➜ Ein Mensch beugt sich über einen Hund, weil er ihn streicheln möchte. Der Hund fasst in diesem Fall die nach vorn gebeugte Haltung des Menschen als Bedrohung auf. Der Mensch sollte jetzt sofort die gerade ausgeführte Aktion einstellen und sich zurückziehen, da sonst eine ernsthafte Korrektur durch den Hund folgen kann.

### Weiches Knurren, aber weniger tief

Das weiche, weniger tiefe Knurren, das eher aus dem Maul zu kommen scheint, setzt der Hund auch zur Drohung ein. Allerdings ist der Drohende weniger selbstbewusst (Coren, 2002).

➜ Ein Mensch beugt sich über einen Hund, weil er ihn streicheln möchte. Der Hund fasst in diesem Fall die nach vorn gebeugte Haltung des Menschen als Bedrohung auf. Dieser Hund ist sich noch nicht sicher, ob er einen Angriff starten würde, bei anhaltender Bedrohung kann es aber genauso dazu kommen wie beim weichen, tiefen Knurren. Der Mensch sollte daher auch in dieser Situation sofort die Aktion einstellen und sich zurückziehen, da sonst eventuell eine ernsthafte Korrektur durch den Hund folgen kann.

Natürlich sollten, in Zusammenarbeit mit einem Hundetrainer, beide Situationen so trainiert werden, dass der Hund langfristig gesehen nicht mehr knurrt. Aber im ersten Schritt ist es wichtig, die Situation von Menschenseite aus zu deeskalieren.

### Knurrbellen

Knurrbellen setzt der Hund als Warnsignal ein. Es ist gekennzeichnet durch ein deutliches Knurren, das in ein Bellen übergeht (Coren, 2002). Das Knurren wird durch das Bellen verstärkt. Der Hund ist bereit zum Kampf, ist sich seiner Sache aber keinesfalls sicher.

➜ Ein fremder Hund dringt in das Revier des Hundes (Garten) ein.

Du solltest auf dieses Knurrbellen genauso eingehen wie auf das warnende Bellen deines Hundes. Schaue dir die von deinem Hund bemerkte Gefahr an. Dein Hund sollte dich nicht begleiten, sondern nur von Weitem zusehen. Du sorgst in dem Moment für die Sicherheit der Gruppe, du übernimmst die territorialen Aktivitäten.

Viele Hunde hecheln, wenn sie gestresst sind. Von vorn sieht das Maul leider dabei aus, als würde der Hund lachen.

## Schnaufen

Schnauft ein Hund während der Jagd, so zeigt dies starke Erregung an. Zu Beobachten ist das Schnaufen beim Schnuppern und beim stoßhaften Ausatmen in Mauselöchern. Schnaufen kann aber wie das Knurren ein Warnsignal sein.

➔ Ich habe einmal mit einem großen Schweizer Sennenhund aus einem Tierheim Leinenführigkeit trainiert. Bereits nach wenigen Richtungswechseln zeigte der Hund Schnaufen in Kombination mit Fixieren. Dies war ein Warnsignal des Hundes an mich, nicht noch weitere Dinge abzuverlangen, da sonst ernste Konsequenzen hätten folgen können.

## Hecheln

Ein Hund hechelt normalerweise, um einen Temperaturausgleich im Körper zu erreichen. Ist der Körper durch äußere Einflüsse oder durch körperliche Aktivität erhitzt, kann der Hund diese Wärme nur über die Pfoten durch Schwitzen und über die Zunge durch Hecheln abgeben. Dabei befeuchtet er immer wieder seine lange Zunge zur Verstärkung des Verdunstungs- und daraus resultierenden Kühlungsprozesses. Hunde hecheln aber auch noch aus anderen Gründen, wie z. B. aus positiver oder negativer Erregung, Stress oder Angst.

- Hecheln aus positiver Erregung sieht man bei Hunden, die darauf warten, dass der Mensch ihnen z. B. ein Schweineohr gibt. Auch bei sexueller Erregung hecheln viele Hunde.
- Hecheln aus negativer Erregung sieht man bei Hunden, die für eine falsche Reaktion auf ein Signal bestraft werden. So hecheln viele Hunde z. B., wenn sie für das nicht sofortige Befolgen des Signals „Fuß“ einen Leinenruck zur Strafe bekommen.
- Hecheln aus Stress sieht man bei Hunden, die sich im Wartezimmer des Tierarztes aufhalten.
- Starkes Hecheln aus Angst sieht man bei Hunden, die sich vor Gewitter fürchten.

Besonders beim Hecheln aus Stress sieht man bei kurzhaarigen Hunden eine deutliche Stressfalte hinter dem Maulwinkel. Gerade von vorn sieht der Hund dann aus, als würde er lächeln, er befindet sich jedoch in einer völlig anderen Stimmungslage!

### Stoßend hecheln

Äußert ein Hund stoßende Hechellaute in Kombination mit längeren Pausen, kann dies ein Zeichen von Imponierverhalten sein. Häufig findet dies bei der Begegnung zweier Rüden statt, die steifbeinig, mit durchgedrücktem Rücken und erhobener Rute einander umkreisen. Am sinnvollsten deeskaliert man diese Situation dadurch, dass sich alle Menschen zügig, aber nicht hektisch entfernen. Denn Publikum erhöht das Risiko auf eine Streitigkeit.

Hechelt ein Hund aus Stress, wird die Stressfalte hinter dem Maulwinkel bei kurzhaarigen Hunden deutlich sichtbar.

Luca beginnt im Training zu niesen, wenn er warten muss. Er zeigt dadurch seine Aufregung.

## Niesen

Niest ein Hund, so kann der banale Grund hierfür ein Schnupfen oder ein äußerlicher Reiz sein, wie z. B. Autoabgase, Staub oder ein Fremdkörper in der Nase.

Allerdings können Hunde auch aus anderen Gründen niesen. Ich habe in meiner täglichen Arbeit festgestellt, dass viele Hunde das Niesen als Ventil nutzen, um Erregung abzubauen. Dieser Nieston wird meist deutlich lauter und heftiger als ein Niesen gezeigt, das bei Erkältungskrankheiten zu hören ist. Niesen ist durchaus als Übersprunghandlung zu sehen. Häufig folgt ein Kopfschütteln und ein ausladendes, einmaliges Lecken über die Lefzen. Beides folgt direkt im Anschluss an das Niesen.

→ Frau Sander trainiert mit ihrem zwölfjährigen Labrador-Rüden Leon Apportieraufgaben mit dem Futterbeutel. Immer wenn Leon den Beutel zurückgebracht und abgegeben hat, muss er warten, bis Frau Sander den Beutel öffnet. Oft niest er dann vor Aufregung und in Erwartung des Futters, das er gleich bekommt.

## Winseln

Der Winsellaut wird bereits von einigen Wochen alten Welpen gezeigt als auch von erwachsenen Tieren. Winseln ist ein Zeichen von Unwohlsein, Unsicherheit oder Isolation. Es klingt kläglich und hoch, kann laut oder leise sein und hat häufig ein schnelles Intervall.

Winselt ein Welpe, bewirkt er damit Unruhe unter seinen Geschwistern und zeitnahen Kontakt seitens seiner Artgenossen. Im Gegensatz zum Knurren fördert das Winseln die Distanzminderung.

Winselt ein Hund bei der passiven Unterwerfung (siehe S. 120), muss dies als Laut des Unbehagens gedeutet werden (Feddersen-Petersen, 1986). Winseln wird aber auch bei aktiver Unterwerfung (siehe S. 120) beobachtet, wenn zum Beispiel die Mutterhündin nach Abwesenheit zu den Welpen zurückkommt.

### Sanftes Winseln

Das sanfte Winseln gleicht dem Jammern eines Welpen, der friert, Hunger hat oder sich verlassen fühlt. Es wird häufig geäußert, wenn ein Hund Angst hat oder verletzt ist (Coren, 2002).

→ Ein Hund hat sich die Pfote in der Tür eingeklemmt und winselt. In einem solchen Fall sollte man natürlich eingreifen und den Hund vom Tierarzt behandeln lassen.

→ Ein Hund winselt, wenn er allein zu Hause ist. In diesem Fall sollte man den Hund erst einmal nicht allein zu Hause lassen, da dieser hier meist aus Trennungsangst winselt. Das Alleinbleiben muss erst in kleinsten Schritten trainiert werden.

Nach dem Niesen leckt sich Luca einmal ausgiebig über die Lefzen. Er ist immer noch angespannt und das Warten fällt ihm sichtlich schwer.

## Schmerzschrei und Quieken

Hunde schreien nur aus Schmerz oder großer Angst, z. B. vor einer starken Bedrohung. Meist ist bei Hunden, die bei starker Bedrohung schreien, ein früheres schmerzhaftes Erlebnis in einer gar nicht so gefährlichen Situation die Ursache für das Schreien.

Ursache des Schreiens kann aber auch mangelnde Sozialisierung sein. Das heißt, der Hund erwartet dann etwas Dramatisches, nur weil er es nicht einschätzen kann.

→ Ein junger Hund hat auf einem Spaziergang eine negative Erfahrung mit anderen Hunden gemacht. Ein frei laufender Hund ist aus großer Entfernung auf ihn zugestürmt, hat ihn dann gebissen und dabei schwer verletzt. Seitdem schreit er nun prophylaktisch, wenn andere Hunde auf ihn zugerannt kommen.

### Reaktion von Hunden auf Schreie

In einer Hundegruppe werden auf den Schrei eines Hundes sofort alle Mitglieder dem schreienden Hund zu Hilfe kommen. Allerdings werden sie sich eher vorsichtig nähern, da sich der schreiende Hund offensichtlich in großer Gefahr befindet, die für alle anderen ebenfalls gefährlich sein könnte. Bei fremden Hunden kann das Schreien eher eine Jagdsituation auslösen. Das Schreien des Hundes klingt ähnlich wie das Schreien eines verletzten Beutetiers, und das kann bei einem frei lebenden Hund eine schnell zu erlegende Beute bedeuten.

### Spielzeug mit Quietschern

Die Verwendung von Quietschspielzeug kann bei einigen Hunden problematisch sein. Durch das Erleben von spannenden Situationen in Zusammenhang mit diesen Tönen kann ein Hund die Beißhemmung verlieren. Dies geschieht besonders häufig bei Jagdhunderassen, bei denen dadurch die Motivation auf Beute erhöht werden kann. Diese Hunde steigern sich durch die Verwendung von Quietschspielzeug oft so sehr in ein solches Spiel hinein, dass sie die Hemmung in Bezug darauf verlieren, wie fest und wohin sie beißen. Dies kann für den Menschen dann schnell recht schmerzhaft werden, wenn der Hund nicht in das Spielzeug, sondern in die Hand des Menschen beißt.

## Zähneklappern

Hunde können langsam und schnell mit den Zähnen klappern. Für dieses Verhalten gibt es unterschiedliche Gründe.

Zum einen gibt es das warnende Zähneklappern. Der Hund schnappt einmal in die Luft und klappt die Zähne laut und deutlich zusammen. Es wird als Drohung in Situationen gezeigt, in denen der Hund seinem Gegenüber klarmachen möchte, dass er eine „Waffe" hat und diese auch einsetzen könnte. Somit handelt es sich in diesem Fall bereits um eine ernste Stufe der Aggression.

Zum anderen gibt es noch Zähneklappern aus stärkster Erregung. Findet ein sexuell aktiver Rüde

z. B. eine Stelle, an der kurz vorher eine Hündin markiert hat, leckt er den Urin auf und klappert dabei mit den Zähnen. Hinzu kommt ein starker Speichelfluss, sodass ein schmatzendes Geräusch erzeugt wird. Der Hund nutzt dabei das vomeronasale bzw. Jacobsonsche Organ, um die Informationen noch genauer aufzuschlüsseln (siehe auch S. 46). Er kann so z. B. überprüfen, in welchem Zyklusabschnitt die Hündin gerade ist, ob sie sich also z. B. in, kurz vor bzw. kurz nach der Läufigkeit oder aber im Anöstrus, also der Phase zwischen den Läufigkeiten, befindet oder ob sie gerade trächtig ist.

Weiterhin kann man das Zähneklappern aus Unsicherheit oder Angst beim Hund beobachten. Dieses Zähneklappern hört sich ähnlich an wie das Zähneklappern aus Erregung, jedoch hängt hierbei der Unterkiefer locker, während beim Zähneklappern aus Erregung die gesamte Kiefermuskulatur angespannt ist.

Außerdem gibt es natürlich noch das Zähneklappern aufgrund von Kälte. Dieses Verhalten beobachtet man oft bei Hunden ohne dicke Unterwolle, wie z. B. dem Windhund.

Foto links: Hündin Lilyen uriniert während eines Spaziergangs auf einer Wiese.

Rüde Hardy hat den Urin von Lilyen entdeckt und leckt diesen auf. Im Anschluss daran …

… beginnt er mit den Zähnen zu klappern. Er überprüft den Geruch mithilfe des vomeronasalen Organs.

# Training mit der Pfeife

Um den Hund zu rufen, nutzen viele Menschen eine Pfeife. Dies ist durchaus sinnvoll, denn eine Pfeife ist weit und deutlich – auch unter Ablenkung – hörbar. Zudem ist der Pfiff einigermaßen neutral, der Hund bemerkt nicht die eventuelle Anspannung und Angst des Menschen, die beim Abrufen mit einem Hörzeichen in gefährlichen Situationen schnell deutlich wird. Ideal sind Pfeifen in einer bestimmten Tonlage, da diese im Falle des Verlustes einfach nachgekauft werden können. Sind mehrere Familienmitglieder mit dem Hund unterwegs, kann jeder seine eigene Pfeife haben, ohne dass sich das Signal für den Hund verändert. Pfeifen im Ultraschallbereich eignen sich nicht so gut, da man sie kaum selbst hören kann und somit nie weiß, ob die Pfeife eigentlich funktioniert hat, falls der Hund einmal nicht auf das Signal reagiert.

## Abrufen durch Pfiff

Starte zunächst einmal in ablenkungsfreier Umgebung. Dein Hund darf frei herumlaufen, das Gelände sollte nicht zu groß sein. Locke deinen Hund nun zu dir, entweder durch Geräusche wie z. B. Schnalzen oder indem du dich hinhockst oder auch ein paar Schritte rückwärts gehst. Kommt dein Hund auf dich zugelaufen, dann gibst du das neue Signal, also den Pfiff, kurz bevor dein Hund bei dir angekommen ist. Gib ihm dann sofort eine besonders leckere Belohnung. Pfeife im weiteren Verlauf immer früher, bis der Pfiff für deinen Hund zum Signal für das Kommen geworden ist. Steigere dann auch langsam die Ablenkung, indem du deinen Hund aus immer schwierigeren Situationen heraus mit Pfiff zu dir rufst.

Thomas ruft Dexter mit der Pfeife zurück. Dexter befolgt das Signal auch aus weiter Distanz.

Die Pfeife kann für mehrere Signale benutzt werden, die Pfiffe müssen sich jedoch deutlich unterscheiden.

Jamie hat gelernt, sitzen zu bleiben, wenn Andrea ein Dummy wirft. Er soll nun lernen, auf Pfiff zu stoppen und sich hinzusetzen, nachdem Andrea ihn in Richtung Dummy geschickt hat.

## Abrufen vor der Beute

Wenn das Abrufen in schwierigeren Situationen funktioniert, kannst du es z. B. auch einsetzen, wenn sich dein Hund gerade auf dem Weg zu einem Gegenstand, den er apportieren sollte, befindet. Wirf dazu einen Gegenstand weit weg. Stelle dich einige Meter von deinem Hund entfernt, zwischen ihn und den Gegenstand. Schicke nun deinen Hund in Richtung Gegenstand. In dem Augenblick, in dem er an dir vorbeiläuft, pfeifst du. Die Belohnung solltest du griffbereit haben, damit du deinen Hund auch sofort belohnen kannst. In weiteren Schritten pfeifst du nun zum einen deinen Hund immer später zurück und lässt ihn immer näher an den begehrten Gegenstand herankommen. Zum anderen verkürzt du die Distanz zu deinem Hund immer mehr, bis du wieder neben deinem Hund stehst. Wirf deinem Hund nach dem Abpfeifen dann entweder einen anderen Gegenstand, den er holen darf, oder schicke ihn erneut zum ersten Gegenstand, den er nun natürlich bringen darf.

## Abstoppen durch Pfiff

Das Abstoppen wird ähnlich dem Abrufen auf Pfiff aufgebaut. Du kannst hierzu ebenfalls die Pfeife benutzen. Als Pfiff eignet sich für das Abstoppen eher ein langgezogener einzelner Pfiff. Verwende für den Rückruf ein sehr gegensätzliches Signal wie z. B. drei kurze Pfiffe. Beginne das Training, wenn sich dein Hund im Freilauf befindet. Wähle einen Zeitpunkt, in dem dein Hund nicht weit von dir entfernt ist und sprich ihn an. Die meisten Hunde kennen für das Signal „Sitz“ bereits ein Handzeichen. Dieses kannst du nun verwenden. Füge den neuen Pfiff jetzt genau in dem Augenblick hinzu, in dem sich dein Hund hinsetzt. Wiederhole diese Übung einige Male und vergrößere dann den Abstand zu deinem Hund, bevor du das Signal gibst. Es ist wichtig, dass du anfangs zu ihm hingehst, wenn er stoppt, um ihn an Ort und Stelle für das Anhalten zu belohnen. Später kannst du zur Belohnung z. B. auch einen Gegenstand werfen, den dein Hund holen darf. Steigere die ablenkenden Reize.

# Abstoppen vor einer Beute

Soll dein Hund lernen, auf dem Weg zu einer Beute zu stoppen, muss er das Signal zuvor ohne den ablenkenden Reiz der Beute erlernt haben. Erst dann kannst du dieses Training beginnen.

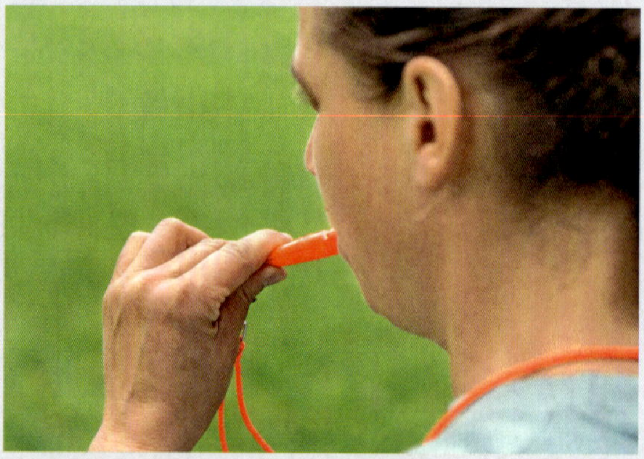

2 Sobald Jamie in Richtung Dummy läuft, gibt Andrea das zuvor aufgebaute Signal für Sitz, einen langen Pfiff.

1 Andrea schickt Jamie mit dem Signal „Bring“ in Richtung des zuvor geworfenen Dummys.

3 Jamie stoppt, sobald er den Pfiff hört und dreht sich dabei zu Andrea um.

4 Er lässt das Dummy liegen und richtet seine Aufmerksamkeit auf Andrea.

5 Der Labrador hat das zuvor sorgfältig aufgebaute Signal verstanden und setzt sich hin.

6 Jamie wartet brav auf ein weiteres Signal von Andrea. Diese kann ihn nun erneut zum Dummy schicken oder ihn für die Ausführung des Pfiffs mit Futter belohnen.

# Sehen, Mimik und Körpersprache

**Hunde können mithilfe kleinster visueller Signale differenzierte Botschaften übermitteln. Deshalb müssen wir immer sehr genau hinschauen, um Verhalten beurteilen zu können.**

Auch wenn Hunde die Umwelt zu einem großen Teil mit der Nase wahrnehmen, besteht die Kommunikation unter Hunden sowie zwischen Hund und Mensch zu einem sehr großen Teil aus visuellen und taktilen Signalen. Vor allem die visuelle Kommunikation spielt im Erstkontakt eine wichtige Rolle, denn der erste Eindruck bedingt oft den weiteren Verlauf einer Begegnung. Und auch wenn die taktilen Signale meist erst ganz zum Schluss eingesetzt werden, also nachdem die Hunde sich visuell, geruchlich und gegebenenfalls auch auditiv wahrgenommen haben, sind sie in der hündischen Sprache doch von großer Bedeutung. Denn wenn zwei Hunde sich nicht verstehen, entscheidet sich nun, ob es „richtig zur Sache" geht und eine aggressive körperliche Auseinandersetzung nicht mehr abwendbar ist. Begegnen sich zwei Hunde, die sich auf Anhieb sympathisch sind, beginnt nach dem ersten Austausch visueller, geruchlicher bzw. auditiver Signale vielleicht ein wildes körperbetontes Tobespiel, oder aber man legt sich eng aneinander gekuschelt hin und knabbert sich gegenseitig im Fell. Vor allem bei Hunden, die freundschaftlich zusammenleben, die eine harmonische Gruppe bilden, kann man dabei alle Facetten der taktilen Kommunikation erleben, wie z. B. bei der intensiven Augen- und Ohrenpflege, bei der die Ohren regelrecht durchgekaut und bis ins tiefste Innere sauber geleckt werden. Daher ist es enorm wichtig, dass wir die mitunter minimalen visuellen Signale von Hunden kennen und erkennen, und dass wir wissen, welche taktilen Reize Hunde gern haben oder aber unangenehm finden.

Martin und Bosse schauen sich vertrauensvoll in die Augen, beide genießen den engen Kontakt.

# Blickfeld und Sehfähigkeit der Hunde

## Die Umwelt im Blick

Hunde können gut hören und riechen, aber auch ihr Sehvermögen ist nicht zu unterschätzen. Das Auge ist zudem das einzige Sinnesorgan, mit dem etwas aufgenommen und auch gesendet werden kann. Wird ein Hund von einem anderen Hund gehört, ist das für den Sender des Bellens nicht wahrnehmbar, wird er allerdings gesehen, so bemerkt der Sender einer visuellen Kommunikation den Augenkontakt sehr wohl (Aldington, 1986).

Da Hunde und ihre Vorfahren in der Morgen- und Abenddämmerung am aktivsten sind, z. B. auf Beutesuche, unterscheidet sich die Augenleistung des tagaktiven Menschen von ihnen beträchtlich. Lange ging man davon aus, Hunde seien farbenblind. Dass sie ihre Welt aber nicht nur schwarzweiß wahrnehmen, ist mittlerweile erwiesen. Das Auge des Hundes enthält wie das des Menschen auch Stäbchen und Zapfen. Stäbchen sind im Auge zahlreicher vorhanden und zudem lichtempfindlicher, sodass sie für das Sehen in der Dämmerung verantwortlich sind. Dies ist auch beim Menschen der Fall und wir sehen im Dunkeln alles eher in Graustufen. Hunde besitzen jedoch noch eine Licht reflektierende Schicht auf dem Augenhintergrund, das sogenannte *Tapetum lucidum*. Aufgrund der Reflektion fällt das Licht ein zweites Mal auf die Stäbchen, weshalb Hunde im Dunkeln besser sehen können als Menschen. Für das Farbensehen sind die Zapfen verantwortlich. Wir Menschen besitzen drei unterschiedliche Zapfentypen für die Farben

Gibt es etwas Schöneres als den Blick in die Augen des eigenen Hundes? Hunde können durch ihren Blick so vieles aussagen.

Wichtig

## Funktion des Auges

Vom Prinzip her funktionieren die Augen der Hunde nicht bedeutend anders als die der Menschen. Licht dringt durch die Pupille ein und wird von der Linse auf die Retina (lichtempfindliche Schicht) gerichtet. Diese Schicht leitet dann ihrerseits die Befehle über den Sehnerv an das Gehirn weiter.

Der rote Kong ist für uns Menschen in der grünen Wiese gut sichtbar.

Vom Hund wird der rote Kong in Graustufen wahrgenommen und verschwindet fast vollständig im Gras.

Erst von Nahem wird durch die Konturen deutlich, dass der Kong in der Wiese liegt.

Rot, Grün und Blau. Aus den Farbinformationen der Zapfen bildet das Gehirn dann den Gesamtfarbeindruck. Unser Hund besitzt nur zwei unterschiedliche Zapfentypen, ihm fehlen Zapfen für die Farbe Rot. Der Hund kann daher die Farbe Rot nicht erkennen. Das Farbensehen unseres Hundes ist damit in etwa vergleichbar mit dem eines Rot-Grün-blinden Menschen. Diese Information kannst du gezielt in deinem Training einsetzen. Soll dein Hund z. B. seine Nase einsetzen, wenn er einen Ball in einer Wiese suchen soll, macht es Sinn, einen roten Ball zu wählen. Diesen Ball kann der Hund in der grünen Wiese kaum mit den Augen ausmachen. Soll er den Ball jedoch schnell finden und dabei auch seine Augen einsetzen, wählst du besser einen blauen Ball, da dein Hund diesen sofort als blauen Punkt in der Wiese wahrnehmen kann.

## Sehen bei Dämmerung

Bei Dämmerung sind die Hunde uns Menschen also überlegen. Durch das *Tapetum lucidum* wird das aufgenommene Bild verbessert und verstärkt. Diese Schicht ist es auch, die bei manchen Fotoaufnahmen mit Blitz oder bei Scheinwerfereinfall in der Dämmerung gelb oder grün reflektiert. Bei uns Menschen erscheinen die Augen bei Blitzaufnahmen rot, es sind dann die roten, feinen Blutgefäße im Augenhintergrund zu sehen.

Stephanie hat die entgegenkommende Person schon von Weitem gesehen. Ihrer Australian Shepherd-Hündin Joy wird die Sicht durch die Gräser versperrt.

## Bewegungen erkennen

Hundeaugen reagieren von Natur aus sehr stark auf Bewegungen. Sie sind geradezu fixiert auf Dinge, die sich bewegen. In einer dichten Laubdecke im Wald nimmt der Hund nicht wie wir Blatt für Blatt wahr. Für ihn erscheint das Ganze tatsächlich wie eine Fläche. Jedoch registriert er jede kleinste Bewegung innerhalb dieser Fläche. Auf diese Weise ist es ihm möglich, die Bewegungen darunter, z. B. die Bewegungen von Mäusen, schnell zu erkennen.

Die Tatsache, dass ein Hund so stark auf Bewegungen fixiert ist, lässt für mich nur den Rückschluss zu, im Training immer auch mit körpersprachlichen Signalen wie Handzeichen zu arbeiten. Bei DOGS geht es ja darum, sich die natürlichen Veranlagungen des Hundes in der Kommunikation bzw. im Training zunutze zu machen. Infolgedessen ist z. B. das regungslose Abrufen wie in der Begleithundeprüfung für mich absurd.

## Peripheres Sehen

Der Hund verfügt über ein wesentlich weiteres Gesichtsfeld als wir Menschen. Bei uns beträgt das Gesichtsfeld ca. 200 Grad, unser Hund verfügt hingegen je nach Rasse über ein Gesichtsfeld von bis zu 270 Grad. So sind Hunde dazu imstande, die geringsten Bewegungen in sehr weitem Umfeld zu erkennen. Dass viele Hunde Entfernungen nicht richtig abschätzen können, hängt mit dem Überschneidungsgrad der einzelnen Gesichtsfelder zusammen. Je weiter die Augen an der Seite des Kopfes liegen, desto breiter ist zwar das Gesichtsfeld, aber umso weniger überschneiden sich diese beiden Felder zwischen den Augen. Hat ein Hund die Augen vorn am Kopf ähnlich wie wir Menschen, ist das gesamte Gesichtsfeld zwar eingeschränkter, aber die Überschneidungen der einzelnen Gesichtsfelder zwischen den Augen sind größer und ermöglichen ein besseres binokulares (beidäugiges) Sehen. Wir Menschen haben beim binokularen Sehen einen Überschneidungsbereich von 120 Grad, der Hund hingegen nur einen Überschneidungsbereich von bis zu 60 Grad.

## Nah- und Fernsicht

Es wird angenommen, dass sich die Größe der Linse des menschlichen Auges schneller verändern kann als beim Hund. So können wir z. B. schnell zwischen Nah- und Fernsicht wechseln, wohingegen der Hund zunächst noch etwas verschwommen sieht. Bei vielen Zwergrassen wurde auch eine extreme Weitsichtigkeit festgestellt, die durch geruchliche Untersuchung von nahen Gegenständen beobachtet wurde. Hier wurde stärker die Nase als die Augen zur Suche eingesetzt (Neville, 1992).

## Perspektive

Damit wir das Sehfeld unseres Hundes besser verstehen können, ist es hilfreich, sich einmal auf seine Position zu begeben, um die Welt aus der Hundeperspektive zu sehen. Begibt man sich auf die Augenhöhe eines mittelgroßen Hundes, wird deutlich, wie anders ein Hund die Welt sieht. Wir Menschen sehen für ihn aus wie Riesen und viele Dinge bleiben Hunden verborgen.

Anhand des Vergleichs zwischen der Hunde- und der Menschenperspektive wird deutlich, wie bedrohlich ein Mensch auf einen Hund wirken kann. Ein Hund steht mit einem Menschen nicht auf Augenhöhe. Das Beispiel der Menschenperspektive zeigt auch, dass Hunde aufgrund ihrer niedrigeren Körpergröße ihr Umfeld nicht so weit überblicken können wie wir Menschen. Die Person hinter den Gräsern kann vom Hund erst gesehen werden, wenn sie an diesen vorbeigelaufen ist. Bei Spaziergängen mit deinem Hund, solltest du dir solchen Situationen bewusst sein. Dein Hund kann erschrecken, verängstigt oder aggressiv reagieren, wenn er plötzlich und unerwartet auf diese Weise etwas sieht.

Bedenke immer, dass dein eigenes Blickfeld nicht dem Blickfeld deines Hundes entspricht.

Begebe dich öfter einmal auf die Kopfhöhe deines Hundes, um ein Gefühl für sein Blickfeld zu bekommen.

# Mimik: Die vielen Gesichter eines Hundes

Die Mimik eines Hundes ist vielschichtig und kann eine Menge sehr unterschiedlicher Stimmungen zeigen. Ein Hund hat viele Gesichter! Für seine Mimik nutzt er die unterschiedlichen Stellungen von Augen, Ohren, Lefzen, Stirn und Kopf. Im Vergleich zur Körpersprache wechselt die Mimik sehr viel nuancierter und schneller. Deshalb fällt es uns oft auch viel schwerer, die Mimik eines Hundes zu deuten. Ein kleiner, kurzer Blick in eine andere Richtung kann schon viel bedeuten. Hunde würden diese Signale niemals übersehen.

Bei einem langhaarigen Hund wie Balou ist nur wenig Mimik erkennbar. Auch die Augen sind kaum zu sehen.

## Wie Züchtung die Mimik beeinflusst

Diese Form der Kommunikation funktioniert unter gut sozialisierten Hunden sehr gut. Schwierigkeiten entstehen aber z. B. durch unterschiedliche optische Erscheinungsbilder der einzelnen Rassen. Die Unterschiede in den körpersprachlichen Ausdrucksmöglichkeiten sind hier gravierend. Fletscht ein Labrador die Zähne, so ist das für jeden anderen Hund sofort gut sichtbar. Tut dasselbe jedoch ein Bobtail, ist das Signal durch die langen Haare kaum oder gar nicht für den anderen Hund oder einen Menschen erkennbar. Gleiches gilt auch für Hunde mit verkürzter, faltig gezüchteter Schnauze, wie dem Mops. Für andere Hunde entsteht hier der Eindruck, es stünde ein „Dauerfletscher" vor ihnen, und sie könnten ihm unter Umständen zunächst mit starkem Misstrauen begegnen. Hunde müssen daher die unterschiedlichen Rassen und ihre Ausdrucksformen bereits in der Welpenzeit kennenlernen.

### Farbe und Fellstruktur als Kommunikationshilfe

Selbst das Wachstum des Fells ist nach Kommunikationsmöglichkeiten strukturiert. Die Schnauze ist von kleinen, kurzen Haaren umgeben, in Richtung des Nasenrückens wird das Fell dichter und dichter. Die Haare zeigen alle parallel gegen die Stirn. Rund um die Augen wachsen die Haare in verschiedene Richtungen. Auf der Stirn wächst das

Bei Siberian Husky Duke unterstützt die Farbzeichnung die Fellstruktur und damit die Mimik.

Bei kurzhaarigen Hunden wie Dalmatiner Janeiro unterstützt die Fellstruktur die Mimik.

Fell wieder in eine Richtung gegen die Ohren. Bei manchen langhaarigen Hunden bildet das Fell um den Hals herum einen Kragen, der das ganze Gesicht einzurahmen scheint. Hunde mit langen Haaren im Gesicht sind jedoch beeinträchtigt, da sie die Signale anderer Hunde nicht gut aufgrund ihres eingeschränkten Sichtfeldes erkennen. Hier sollte man helfen und rund um die Augen die Haare zurückschneiden.

## Farbzeichnung

Unterstützend zur Fellstruktur kommt noch die Farbzeichnung hinzu.

Betrachtet man den Kopf eines Wolfes, wird deutlich, dass er in aller Regel aus hellen und dunklen Fellpartien besteht. Der dunkle Kopf wird meist von hellerem Fell eingerahmt. Das Gesicht wird von den helleren Wangen hervorgehoben. Das Fell, das die dunklen Lefzen umgibt, ist noch heller. Die dunkle Stirnpartie dient der Verdeutlichung des „Stirnrunzelns“. Das dunkle Augenlid ist ebenfalls von hellerem Fell eingerahmt und so unterstützen auch die helleren Augenbrauen die Mimik.

Dadurch, dass das Fell der Augenbrauen fast senkrecht in die Höhe zu wachsen scheint, bilden sie fast kleine „Beulen“ und stehen geradezu hervor. Selbst die Ohren haben eine dunklere Außenkante und setzen sich deutlich von dem hellen Ohreninnenfell ab. Die Natur bedient sich hier eines Hell-Dunkel-Kontrastes. Einfarbige Hunde sind hier benachteiligt. Allerdings ist jetzt wieder die Fellstruktur von Bedeutung. Das Licht bricht sich an wichtigen Stellen im Fell, sodass optisch der Eindruck eines gefärbten Fells entsteht. Das Gesichtsmuster tritt so deutlich hervor. Besonders stark werden die Augenbrauen, die Stirn und die Partie rund um die Augen verdeutlicht.

Bei Hovawart-Mischlingshündin Hummel wird die Mimik durch die Farbgebung des Fells unterstützt.

## Ein Blick in die Augen

Mit den Augen können Hunde nahezu alle Stimmungen anzeigen. Sie sind ein ganz wichtiger Bestandteil der Mimik. Der Blick eines Hundes kann starr, drohend, freundlich, verlangend, fixierend oder ängstlich sein, um nur ein paar Beispiele zu nennen. Rund um die Augen sitzen viele kleine Muskeln, die auf verschiedene Weise arbeiten. Sind alle Muskeln entspannt, hat der Hund einen entspannten Blick, je angespannter sie werden, desto angespannter wird auch der Blick. Die Augen können auch ihre Form ändern, sich verschmälern oder erweitern. Zudem hat jeder Hund eine ganz individuelle Augenform, so gibt es Hunde mit runden und Hunde mit mandelförmigen Augen.

### Augenbrauen

Interessanterweise sind die Bewegungen der Augenbrauen mit den menschlichen zu vergleichen, obwohl der Hund eigentlich gar keine Augenbrauen im menschlichen Sinn hat. Es sind nur Muskelgruppen, die sich über den Augen befinden, er braucht sie auch nicht wie wir, um Schweiß von der Stirn abzufangen, da er dort keine Schweißdrüsen besitzt. Ist der Hund aggressiv gestimmt, zieht er diese Region zusammen, abwärts gegen den Nasenrücken. Ist er ängstlich oder unterwirft sich, zieht er sie nach oben gegen die Schläfen.

### Pupillen

Sieht ein Hund etwas Interessantes oder Erschreckendes, dann erweitern sich seine Pupillen. Dies geschieht ebenso bei Freude und positiver Erwartung. Das heißt, dass die Pupillen allgemein bei Erregung weiter werden. Dies kann also auch passieren, wenn der Hund vor Erregung aggressiv wird. Im Gegensatz zur freudig erregten Situation, ziehen sich hierbei die Pupillen allerdings erst zusammen und werden dann weit (Coren, 2002). Im Gegensatz dazu werden die Pupillen kleiner, wenn der Hund entspannt oder schläfrig ist.

### Blickrichtung

Ebenso wichtig wie der Blick ist auch die Blickrichtung. Richtet der Hund den Blick direkt und lang anhaltend gegen einen anderen Hund, ist das als Zeichen von Provokation oder Drohung zu verstehen. Unterwürfigkeit, Zurückhaltung, Friedfertigkeit werden mit abgewandter Blickrichtung signalisiert, die auch von einem Blinzeln unterstützt werden kann.

Es ist auch zwischen dem direkten und dem beobachtenden Blick zu unterscheiden. Für die untergeordneten Mitglieder der Gruppe ist es wichtig, ranghöhere Tiere ständig zu beobachten, um deren Stimmungen auszuloten. Dieser aufmerksame Blick ist im Gegensatz zum direkten, provozierenden Blick aber nur von kurzer Dauer.

Labrador-Hündin Lilyen schaut aufmerksam in Richtung Martin. Ganz gespannt hört sie auf das, was er zu ihr sagt.

### Blickdauer

Nicht nur der Blick allein, sondern auch die Dauer ist also entscheidend. Ein Blick, der länger als zwei Sekunden anhält, kann, wenn dazu noch vom übrigen Körper Drohsignale angezeigt werden, Dominanz oder ein Zeichen einer selbstsicheren Drohung sein.

Natürlich sieht nicht jeder Hund in einem längeren Augenkontakt direkt eine Bedrohung, wenn er bisher immer gute Erfahrungen mit Menschen gemacht hat und ihnen nicht misstraut. Aber selbst bei diesen Hunden kann man beobachten, dass sie, wenn sie längere Zeit von einem Menschen fixiert werden, dem Blick auszuweichen versuchen. Fixiert dich dein Hund, musst du jedoch nicht gleich davon ausgehen, dass er die Weltherrschaft übernehmen möchte. Manchmal tut ein Hund dies auch nur aus reinem Interesse, aus Freude, aus gespannter Erwartung, weil wir ihm vielleicht gerade etwas erzählen. Es ist wichtig, den Blick deines Hundes richtig zu deuten, um Missverständnisse vermeiden zu können.

**Mein Tipp**

### Unsichere Hunde

Begegnet man einem unsicheren Hund, sollte kein direkter Augenkontakt gesucht werden. Im verlängerten Augenkontakt erkennt er eine Drohung und würde noch unsicherer werden. Dies könnte dann auch zum Angriff des Hundes führen, da er sich in die Enge getrieben fühlt.

Aufmerksam aufgestellte Stehohren sind für jeden Menschen sofort von Weitem erkennbar.

## Ohren

Die Ohren sind sehr stark an der Mimik beteiligt. Hierbei ist auch der Unterschied von Steh- zu Hängeohren zu beachten. Sie werden allerdings von denselben Muskelgruppen gesteuert. Ein Hund mit Stehohren hört nicht nur mehr, er kann sie auch deutlicher in der Kommunikation einsetzen.

Bei Hunden mit Hängeohren liegt der obere Teil des Ohrlappens vor dem Innenteil des Ohrs, sodass Veränderungen in der Ohrstellung nur an der Ohrwurzel sichtbar werden.

Angelegte Ohren können ein Zeichen für Unsicherheit und Beschwichtigung sein. Bei der Jagd und beim schnellen Rennen oder einer Beißerei legt der Hund sie zum Schutz an. Hält der Hund die Ohren aufgestellt nach vorn, zeigt es Aufmerksamkeit, hält er sie hingegen extrem gespitzt, kann es Dominanz und Drohung bedeuten. Ist ein Hund in seiner Drohung unsicher, kann es sein, dass er seine Ohren mal nach außen, mal nach innen richtet, es zeigt dann eine unsichere Drohung.

## Stirn

Stirnrunzeln ist ein Signal für Aggression oder Unsicherheit, dabei muss die sonstige Körpersprache beachtet werden. Zeigt ein Hund Unterwürfigkeit, zieht er die Stirn hingegen ganz glatt mit den Ohren nach hinten, die Augen wirken dadurch groß und rund, die Ohren sind angelegt.

Hier hat Jamie die Ohren entspannt nach unten hängen, sie sind nicht aufgestellt.

Er kann die Ohren aber auch aufstellen. Dazu zieht er die hintere Ohrwurzel nach vorn.

Crispy meint ihre Drohung ernst. Mit dem Blick über den nach unten gerichteten, gerunzelten Nasenrücken fixiert sie Australian Shepherd-Rüde Simon, der bei ihr aufreiten wollte.

## Lefzen, Maul und Nasenrücken

Unter den Lefzen verbirgt sich die stärkste Waffe des Hundes, das Gebiss. Die Muskeln der oberen Lefzen sind besonders stark, damit der Hund sie hochziehen, seine Zähne zeigen und den Nasenrücken runzeln kann. Bevor Hunde zubeißen, bedienen sie sich zahlreicher Mimik durch die Lefzen. Nicht ohne Grund bilden die Lippen der Hunde einen meist starken Kontrast zur helleren Umgebung der Schnauze. Die dunkle Farbe der Lippen kontrastiert nicht nur mit dem Fell, sondern auch mit den hellen Zähnen und dem dunklen Maulinnenraum.

In der Regel dient die Kommunikation dazu, einen Ernstkampf zu vermeiden, wo es nur geht. Als Warnung und Vorstufe von starker Aggression zieht der Hund die Lefzen hoch, dabei kann er knurren und die Stirn runzeln. Passend zur Mimik ist natürlich auch die Körpersprache unter Spannung. Reagiert der andere Hund nicht auf diese Drohsignale oder sendet selbst welche zurück, kann die Gebärde durch In-die-Luft-Schnappen verstärkt werden. Dadurch soll der Gegner vom Rachen und den Zähnen seines Gegenübers eingeschüchtert werden.

Ist der Hund hingegen unsicher und unterwürfig, zieht er nur seine Maulwinkel nach hinten und zeigt seine Zähne nur dann, wenn die Unsicherheit mit Aggressivität gekoppelt ist.

Zeigt er Sicherheit, ziehen sich die Maulwinkel nach vorn, und auch hier zeigt der Hund nur dann zusätzlich seine Zähne, wenn Aggression mit im Spiel ist. Hierbei bezieht sich das Zähnezeigen aber auch nur auf die vorderen Schneide- und Fangzähne.

# Körperbewegungen des Hundes

## Bewegungsformen

Hunde können sich in drei Gangarten fortbewegen. Der Schritt ist dabei die langsamste Gangart, sie ist ein Viertakt, jeder Fuß wird also einzeln gesetzt. Die Fußfolge ist z. B. vorn rechts, hinten links, vorn links, hinten rechts.

Beim Anschleichen nähert sich der Hund im langsamen Schritt mit abgesenktem Oberkörper dem Gegenüber.

Das spielerische Anschleichen endet oft mit einer Spielaufforderung.

### Anschleichen

Eine besondere Form des Schritts ist das Anschleichen. Es wird vom Hund entweder kurz vor einem Angriff auf einen Hund oder der Hetze nach einer Beute gezeigt, kann aber auch ein Element im Spiel sein. Der Hund duckt sich dabei vorn ab, fixiert den Gegner und schleicht sich Schritt für Schritt an. Danach folgt dann entweder eine Scheinattacke oder aber ein gemeinsames körperliches Spiel.

### Trab

Im Trab, einer Gangart im Zweitakt, werden die beiden diagonalen Fußpaare gleichzeitig gehoben, dazwischen gibt es eine mehr oder weniger ausgeprägte Schwebephase.

### Passgang

Eine Abwandlung davon ist der Passgang. Hierbei hebt der Hund die beiden an einer Seite liegenden Füße gleichzeitig an, es kommt zu einem schaukelnden Trab. Dieser ist für den Hund besonders schonend, er wird daher oftmals gezeigt, wenn der Hund Probleme im Rücken oder Gangwerk hat. Der Hund kann aber auch einfach deshalb im Pass laufen, weil er sich der Geschwindigkeit des Menschen anpasst, da die Gangarten meistens nicht wirklich zusammenpassen. Das übliche Tempo, in dem Menschen spazieren gehen, ist für den Schritt des Hundes meist zu schnell und für den Trab zu langsam. Muss der Hund nun für eine längere Zeit dem Menschen an der Leine folgen, fällt er gern in einen mittelschnellen Passgang.

# Fußfolge im Schritt

Im Schritt werden vom Hund meist nur kurze Strecken zurückgelegt. Vor allem alte und kranke Hunde bewegen sich aber durchaus auch über längere Strecken im Schritt.

1 Abbey bewegt sich sehr häufig im Schritttempo vorwärts. Dabei beginnt sie die Schrittfolge mit dem rechten Vorderbein.

2 Wenn das rechte Vorderbein wieder Bodenkontakt hat, wird als nächstes das linke Hinterbein gehoben und nach vorn gesetzt.

3 Im nächsten Schritt setzt Abbey das linke Hinterbein ab und hebt dann das linke Vorderbein an. Dies folgt meist nacheinander, kann sich aber auch für einen Augenblick überschneiden.

4 Sobald das linke Vorderbein wieder Bodenkontakt hat, wird nun das rechte Hinterbein angehoben und nach vorn gesetzt. Danach beginnt die Schrittfolge wieder von vorn.

Labrador Jamie bewegt sich im Jagdgalopp mit gestrecktem Rücken und ausgreifender Schrittlänge.

Die Hinterbeine greifen weit über die Spur der Vorderbeine hinweg, der Rücken wölbt sich auf wie eine gespannte Feder.

## Galopp

Die schnellste Gangart beim Hund ist der Galopp, ein Dreitakt. Hierbei unterscheidet man wie beim Pferd Rechts- und Linksgalopp. Der Hund beginnt einen Galoppsprung zunächst einmal mit einem Hinterbein, es folgen dann das andere Hinterbein gleichzeitig mit dem diagonal gegenüberliegenden Vorderbein, gefolgt vom zweiten Vorderbein. Danach gibt es eine Schwebephase. Beginnt der Hund den Galopp mit dem linken Hinterbein, läuft er im Rechtsgalopp, beginnt er mit dem rechten Hinterbein, im Linksgalopp. Besonders deutlich wird die Fußfolge dabei im Imponiergalopp. Je schneller der Hund rennt, desto mehr greifen die Hinterbeine vor die Vorderbeine und die Fußabfolge verändert sich zu einem großen Sprung. Schritt, Trab und Galopp dienen zwar grundlegend zunächst einfach nur der Fortbewegung, sie können aber auch im Gesamtkontext als Ausdruck einer Situation dienen.

## Imponiertrab

Der Imponiertrab ist stark nach vorn orientiert und zeigt eine Art Trippeln des Hundes. Die Schritte sind hierbei stark federnd, der Hund ist im Gesamten aufgerichteter als beim normalen Trab. Die Rute wird dabei hoch getragen, die Ohren sind nach vorn in Richtung des Gegenübers aufgestellt. Diese Bewegungsform sieht relativ elegant aus, soll jedoch dem Gegenüber, also z. B. anderen Hunden oder auch dem Menschen, imponieren.

## Imponiergalopp

Den Imponiergalopp setzt ein Hund häufig für sogenannte Scheinattacken ein. Dabei „hoppelt" er mit großen Sprüngen und geradem Rücken,

Ginala läuft im Imponiergalopp, sie nutzt dabei den Rechtsgalopp, beginnend mit dem linken Hinterbein.

mit hochgetragener Rute und aufrecht gehaltenem Kopf auf sein Gegenüber zu und stampft oft auffallend, mit einem für den Hund gut erkennbaren „lauten" Geräusch, mit den Vorderbeinen auf. Bei dieser Bewegungsform ist die Schrittlänge gering, der Hund hat keinen großen Raumgriff und Vorwärtsschub.

### Jagdgalopp

Der Jagdgalopp unterscheidet sich deutlich vom Imponiergalopp des Hundes. Bei dieser Bewegungsform werden die Vorderbeine weit nach vorn gesetzt, die Wirbelsäule wird aktiv gestreckt und fördert den großen Schub aus der Hinterhand. Die Rute wird in Verlängerung des Rückens ebenfalls waagerecht gestreckt gehalten, genauso wie der Kopf, der weit nach vorn gerichtet wird. Die Schrittlänge ist dadurch enorm, der Hund hat einen sehr großen Raumgriff. Der Dreitakt verschiebt sich deutlich zu einem Viertakt, bei dem die beiden Hinterfüße schnell nacheinander aufgesetzt werden, gefolgt von den beiden schnell nacheinander aufgesetzten Vorderfüßen.

Das Beobachten der Körpersprache der Hunde spielt aus meiner Sicht bei der Hundeerziehung leider immer noch eine viel zu geringe Rolle. Vielen Menschen geht es in erster Linie darum, dass ihr Hund funktioniert. Diese Tatsache als solche ist schon bedauerlich genug. Jedoch führt sie häufig sogar zu gravierenden Problemen in der Mensch-Hund-Beziehung. Folgendes Beispiel soll verdeutlichen, was gemeint ist: Frau Bertram nimmt mit ihrem Rüden Carlos an der Begleithundeprüfung teil. Carlos kommt beim Abrufen auch zügig und auf direktem Weg zu ihr. Was allerdings in all dem Geschehen außer Acht gelassen wurde, ist, dass er sich ihr nicht in raumgreifenden Schritten per Jagdgalopp nähert, sondern nahezu ausschließlich im Imponiergalopp. Bevor er sich vor sie setzt, rempelt er sie frontal an. Begeistert von der schnellen Ausführung des Signals – Carlos konnte ja offensichtlich nicht mehr rechtzeitig bremsen – wird er ausgiebig belohnt. Da Carlos auch beim Fußgehen stets im Imponiertrab neben Frauchen herstolziert, scheint dies der rote Faden in deren Beziehung zu sein. Damit wir uns nicht falsch verstehen, mein Wunsch ist es natürlich nicht, dass Hunde devot neben uns herlaufen oder geduckt auf uns zukommen. Aber Imponiergehabe noch zusätzlich zu fördern, halte ich für falsch. Die Grundlagen der Beziehung dürfen bei der Erziehung des Hundes daher nie außer Acht gelassen werden!

Danach folgt das gleichzeitige Auffußen des rechten Hinterbeins und des linken Vorderbeins.

Der Galoppsprung endet mit dem Auffußen des rechten Vorderbeins vor der Schwebephase.

Ginala läuft in leicht beschwichtigender Haltung auf ihren Menschen zu.

Zur Begrüßung wedelt sie mit der Rute ausgreifend nach links und rechts.

## Bewegungen der Rute

Obwohl vielfach verbreitet, wedelt ein Hund nicht nur aus Freude mit der Rute. Er zeigt damit zunächst einmal nur Erregung an. Diese Erregung kann freudiger Natur sein, aber genauso auch eine drohende Geste. Macht man sich die vielen Bedeutungen des Wedelns bewusst, versteht man auch die Schwierigkeit bei der Kommunikation eines rutenkupierten Hundes. Ihm ist es kaum möglich, mit seiner verkümmerten Rutenspitze zu kommunizieren. Außerdem werden solche Hunde häufig von anderen Hunden missverstanden, ohne dass sie sich des Problems selbst bewusst sind. Für das Gegenüber sieht es so aus, als würde der Hund die Rute einziehen, auch wenn er z. B. gerade droht.

### Schnelles Wedeln

Das schnelle Wedeln ist ein Zeichen von Erregung oder auch Anspannung. Je schneller der Hund wedelt, desto höher ist sein Erregungszustand. Ein Hund mit langer Rute wird eher weiträumig und langsamer wedeln. Bei einem Hund mit kurzer Rute hingegen wird sie sich ganz schnell und kurz hin und her bewegen, ja fast sogar vibrieren. Natürlich ist hier auch immer die rassetypische Normalstellung der Hunderute mit einzubeziehen bzw. zu beachten. So zeigt der Airedale Terrier mit seiner über den Rücken gekringelten Rute grundlegend weniger Bewegungen als z. B. der Golden Retriever.

### Leichtes Wedeln mit der Rutenspitze

Dieses Wedeln wird oft nur mit der Rutenspitze ausgeführt, die Rute befindet sich dabei abgesenkt. Der Hund zeigt es z. B. als Reaktion auf Zuwendung oder Heimkehr seiner Familienmitglieder. Er drückt damit dem Ranghöheren gegenüber seine freundliche und beschwichtigende Stimmung aus. Welpen zeigen dieses Wedeln bei der Begrüßung ihrer Eltern nahezu ausschließlich.

### Vibrierendes Wedeln mit der Rutenspitze

Dieses Wedeln wird ebenfalls nur mit der Rutenspitze ausgeführt, die Rute befindet sich dabei hoch getragen, die Rutenspitze vibriert stark. Der Hund zeigt es z. B., wenn er einen Konkurrenten trifft. Die beiden Hunde umkreisen dabei einander und schätzen die Stärke und Intentionen des anderen ab.

Ginala begrüßt Andrea freudig mit breitem Wedeln, mit unterwürfigem Gesichtsausdruck, schräger Kopfhaltung und leicht abgesenktem Rücken.

### Schwingendes Wedeln

Beim schwingenden Wedeln schwingt die Rute leicht hin und her in der Verlängerung des Rückens. Dabei ist der Kopf leicht abgesenkt und der Hund fixiert sein Gegenüber. Er droht hierbei dem Gegenüberstehenden, einen Angriff zu starten, wenn dieser jetzt auf ihn zukommt.

### Wedeln nur zu einer Seite

Der Hund kann auch gezielt nur zu einer Seite stark wedeln. Dieses Verhalten sieht man z. B., wenn ein Hund neben dem Menschen steht. Wedelt der Hund vermehrt in Richtung des Menschen, kann man dieses Verhalten als eine Art Markieren des Hundes deuten. Der Mensch wird mit dem Duft des Hundes einparfümiert.

### Breites Wedeln

Das breite Wedeln ist nicht bedrohlich, sondern freundlich gemeint und ist ein Zeichen, dass es dem Hund gut geht. Es wird häufig im Spiel gezeigt und dort von Knurren und Bellen unterstützt. Die Laute sind hierbei aber kein Zeichen von Entspanntheit. Diese Form des Wedelns ist häufig im Spiel zu beobachten.

### Breites Wedeln in Form einer Acht

Das breite Wedeln in Form einer Acht zeigt der Hund nur bei stärkster Erregung! Dieses Wedeln sieht man z. B. beim sexuell aktiven Rüden, der eine Hündin trifft.

### Breites Wedeln, eventuell mitschwingende Hüfte

Der Hund zeigt dieses sehr freundliche Wedeln, wenn er einen anderen Hund oder seine Familie begrüßt. Je stärker der Hund dabei sein Hinterteil absenkt, desto aufgeregter ist er. Unterstützt wird dieses unterwürfige Wedeln häufig noch durch hektisches Belecken seines Gegenübers oder In-die-Luft-Lecken. In aller Regel ist der Kopf dabei leicht abgesenkt und in schräger Haltung.

### Langsames Wedeln, die Rute ist leicht gesenkt

Solange die Rute weder hoch noch tief, sondern leicht gesenkt ist, zeigt der Hund Unsicherheit über die Situation oder Unsicherheit über sein eigenes Handeln. Sobald die Unsicherheit nachlässt oder stark zunimmt, wird er die Rute wieder heben bzw. senken (Coren, 2002).

# Körperhaltung des Hundes

## Haltung des Kopfes

Sieht der Hund über den nach unten gehaltenen Nasenrücken, ist die Lage ernst. Er ist nun ernsthaft dazu bereit, sich einem Konflikt zu stellen. Das bedeutet für den Hundehalter, auf Deeskalation zu achten. Man kann das Verhalten vergleichen mit dem Spruch: „Auf jemanden herabschauen." Der Hund ist in diesem Fall der Überlegene.

Schaut der Hund zu einem auf, der Nasenrücken bleibt dabei oben, ist es ein Zeichen von Unsicherheit. Der Augenkontakt mit dem Hund sollte danach abgebrochen werden, um die Unsicherheit des Hundes nicht noch zu verstärken. Bleibt der Augenkontakt zu lange bestehen, könnten sich gerade sensible Hunde bedroht fühlen. Dies kann zum einen dazu führen, dass sich der Hund so in die Enge getrieben fühlt, dass er einen Angriff startet. Zum anderen kann es aber auch dazu führen, dass der Hund das Vertrauen verliert, sich immer unsicherer fühlt und sich mehr und mehr vom Menschen abnabelt.

## Haltung der Gliedmaßen

Begegnen sich zwei Hunde, so kann man an der Art der Gewichtsverteilung auf die Beine sehr gut erkennen, wer der sichere und wer der unsichere Hund ist.

Luna droht dem drei Monate alten Leroy offensiv über den nach unten gehaltenen Nasenrücken. Er soll sich ihrem Kauknochen nicht nähern.

Jack fühlt sich schnell bedroht, wenn man sich ihm frontal nähert. Er droht defensiv über den nach oben gehaltenen Nasenrücken.

Flat Coated Retriever-Rüde Buck steht sicher auf allen vier Pfoten, mit dem Gewicht leicht auf den Vorderbeinen. Die Rute trägt er locker waagerecht, er schaut entspannt in Richtung Kamera.

### Der sichere Hund

Der selbstsichere Hund verlagert sein Gewicht auf die gerade durchgestreckten Vorderbeine. Dabei hält er seinen Kopf gerade nach oben und in Richtung des Interesses und senkt den Fang leicht nach unten. Die Rute wird waagerecht, maximal leicht erhoben getragen, der Rücken ist gerade.

### Der unsichere Hund

Der unsichere Hund lehnt sich mit seinem Gewicht auf die leicht abgesenkten Hinterbeine, wobei der Schulterbereich leicht gesenkt und der Kopf nach vorn gestreckt wird. Durch diese Gewichtsverteilung verkleinert sich der Hund optisch und kann auch schneller die Flucht ergreifen.

Jemma zeigt ihre Unsicherheit durch ihre Körperhaltung: Rute leicht eingezogen, Kopf abgesenkt mit leicht angelegten Ohren, Rundrücken.

## Haltung des Rumpfes

Je unsicherer oder unterwürfiger ein Hund ist, desto stärker krümmt er den Rücken und macht eine Art Buckel. Bei manchen Rassen jedoch, wie z. B. bei einem Windhund, ist der Rundrücken angezüchtet worden und kann so zu Missverständnissen in der Kommunikation beitragen. Für das Gegenüber sieht es so aus, als würde der Hund Angst haben, in Wirklichkeit droht er aber vielleicht. Auch seine Körpersprache kann so ambivalent wirken, die Mimik ist drohend, die Rumpfhaltung unterwürfig. Dies kann dazu führen, dass der gegenüberstehende Hund die Drohung nicht ernst nimmt, den drohenden Hund z. B. weiter bedroht und es so zu einer „ernsthaften" Auseinandersetzung kommen kann. Ist der Hund selbstbewusst, imponiert oder droht er, hält er seinen Rücken umso gerader und drückt die Gliedmaßen steif durch.

Das Aufstellen der Nackenhaare geschieht, wenn ein Hund erregt ist. Hunde können das Aufstellen ihrer Haare allerdings nicht willentlich beeinflussen. Es passiert in bestimmten Situationen ähnlich, wie sich bei uns bei Erregung die Haare aufstellen, die sogenannte Gänsehaut. Doch „Bürste" ist nicht gleich „Bürste".

Hunde können nicht nur die Haare des Nackenbereichs aufstellen, sondern auch die gesamte Rückenpartie bis hin zum Po. Zeigt sich die Bürste nur über der Schulterpartie, ist der Hund eher imponierend, zeigt sie sich allerdings über den gesamten Rücken, geschieht dies meist aus Unsicherheit. Aufgestellte Haare können durchaus auch in komplett aggressionsfreien Situationen auftreten. Unter anderem z. B. auch dann, wenn miteinander absolut vertraute Hunde stark körperliche Jagdspiele zeigen. Hierbei sind dann meist die Haare nur auf dem Rücken, manchmal auch am Rutenansatz aufgestellt. Ein Jagdspiel unterscheidet sich eindeutig von einer aggressiven Situation. Der Gejagte, der die Beute, also das Opfer, spielt, hält die Rute dabei oft übertrieben eingezogen. Sie wird am Rutenansatz zunächst nach oben gehalten, um dann in einem Bogen nach unten leicht eingeklemmt zu werden. Im Spiel werden Signale deutlich übertrieben, damit alle Beteiligten wissen, dass es keinem „Ernst" ist.

Duke übernimmt beim Jagdspiel mit Phoebe die Opferrolle. Hierzu hält er die Rute übertrieben in einem Bogen eingezogen, er signalisiert damit, dass es sich um ein Spiel handelt.

# Unterschiedliche Rassen

Damit Hunde sich verstehen, müssen sie andere Hunde verschiedener Rassen kennenlernen. Gerade Rassen wie der Whippet mit ihrem typischen Rundrücken verunsichern viele Hunde.

1 Labrador Bali trifft zum ersten Mal auf den jungen Whippet-Rüden Desmond. Bali steht imponierend mit erhobener Rute und fixiert Desmond.

2 Desmond versucht die Anspannung der Situation aufzulösen, indem er in die Vorderkörpertiefstellung geht und Bali zu einem Spiel auffordert.

3 Bali geht erleichtert auf die Spielaufforderung von Desmond ein, es wird ein Rennspiel gestartet. Man versteht sich doch!

Pinscher-Rüde Easy steht vollkommen entspannt, er trägt die Rute locker nach unten hängend, sein Blick ist aufmerksam nach vorn gerichtet.

Shiba Inu-Hündin Aimi steht ebenfalls entspannt. Der Rutenansatz hängt locker nach unten, das Rutenende richtet sich leicht nach oben.

## Haltung der Rute

Anhand der Rutenhaltung eines Hundes lässt sich eine Menge über seinen Gemütszustand sagen. Hierbei muss natürlich auch immer der Hund im Ganzen gesehen werden. Nicht nur die Haltung, auch die Art der Bewegung ist dabei zu berücksichtigen. Hunde mit gerader Rute zeigen dabei eine etwas andere Rutenhaltung als Hunde mit Kringelrute. Allerdings können auch Hunde mit gekringelter Rute diese entspannt nach unten hängen lassen.

Um bei Hunden mit Kringelrute die Rutenhaltung beurteilen zu können, muss man sich den Rutenansatz anschauen. Dieser entspricht der Stellung von Hunden mit gerader Rute. Das Rutenende wird sich bei Hunden mit Kringelrute immer nach oben eindrehen.

### Rute tiefer als horizontal

Diese Haltung ist ein Signal für Ruhe und Entspannung. Der Hund steht locker und entspannt mit dem Gewicht auf allen vier Pfoten, seine Aufmerksamkeit ist nicht in eine bestimmte Richtung gerichtet.

### Rute waagerecht, aber locker vom Körper weg, ohne große Bewegungen

Der Hund zeigt Aufmerksamkeit. Diese Stellung zeigt er z. B. dann, wenn sich eine Person nähert oder wenn er ein Geräusch hört, das seine Aufmerksamkeit erregt. Sowohl die Ankunft der Person als auch das Geräusch sind aber als nicht bedrohlich von ihm eingeschätzt worden.

### Rute waagerecht, starr vom Körper weg

Die starre Rute weist auf erhöhte Alarmbereitschaft und/oder Aggressionen hin, wenn sich z. B. fremde Hunde nähern. Auch in Konkurrenzsituationen signalisieren Hunde so ihre Stimmung, bis sich Weiteres geklärt hat.

### Rute aufrecht und leicht über den Rücken gebogen

Dieser Hund zeigt Imponierverhalten, was er durch die über den Rücken gebogene Haltung der Rute ausdrückt. Diese Haltung zeigt ein Hund z. B., wenn er auf einen Konkurrenten trifft. Er möchte sich diesem gegenüber keine Blöße geben, schätzt die Situation aber noch nicht als ernsthaft bedrohlich ein.

Easy steht aufmerksam beobachtend. Er trägt die Rute, die fast stillsteht und sich kaum bewegt, waagerecht locker von seinem Körper weg.

Bei aufmerksamer Haltung hält Aimi den Rutenansatz ebenfalls waagerecht, das Rutenende kringelt sich jedoch leicht nach oben Richtung Rücken.

## Rute komplett über den Rücken gebogen

Dieser Hund erwartet keine Bedrohung, ganz im Gegenteil, er ist selbstbewusst. Die über den Rücken gebogene Rute kann durchaus ein Zeichen von absoluter sozialer Sicherheit sein, jedoch überspielen Hunde häufig genug auch ihre Unsicherheit in der jeweiligen Situation durch – oberflächlich betrachtet – starke Präsenz. Bei genauerer Betrachtung kann man aber nur allzu oft zeitgleich nach hinten gekippte Ohren beobachten und ein helles Bellen hören, in Verbindung mit einer Kopfbewegung von unten nach oben. Also: Alles sichere Zeichen dafür, dass dieser Hund nur blufft.

Easy steht leicht imponierend, mit dem Gewicht auf den Vorderbeinen. Die Rute hält er nach oben, leicht über den Rücken gebogen.

Beim Imponierverhalten hält Aimi den Rutenansatz nach oben, die Rute kringelt sich jedoch nun vollständig über den Rücken.

Jemma trägt die Rute nach unten abgesenkt und leicht zwischen den Hinterbeinen eingeklemmt. Die Hinterbeine sind angewinkelt, der Rücken fällt leicht nach hinten ab, sie zeigt deutlich Unsicherheit.

## Rute vollständig gesenkt und leicht eingeklemmt

Bei gestreckten Beinen signalisiert diese Haltung psychischen Stress, Schmerzen oder Krankheit. Fällt der Rücken nach hinten ab, ist der Hund unsicher, zeigt Furcht oder Sorge. Nicht ausreichend geprägte Hunde senken z. B. auch die Rute, wenn sie in fremder Umgebung sind bzw. mit fremden Hunden oder Menschen in Kontakt kommen.

## Rute vollständig eingeklemmt

Je tiefer der Hund die Rute hält und je mehr er sie dabei zwischen die Hinterbeine klemmt, desto unsicherer ist er. Diese Haltung ist auch ein wichtiges Signal bei der Beschwichtigung. Das Einklemmen der Rute bewirkt vor allem, dass der Hund keine große optische Präsenz zeigt. Dies soll dazu führen, dass sein Gegenüber sich nicht provoziert fühlt. Er kann dadurch auch durchaus die Aggressionen des anderen Tiers durch die verkleinernde, untergeordnete Position hemmen. Allerdings werden solche Hunde nicht selten Opfer von Mobbing durch andere Hunde, da diese nun sozusagen den „Prügelknaben“ gefunden haben. Mobbing wird übrigens in aller Regel von Hunden gestartet, die selbst nicht sonderlich selbstbewusst sind. Quasi getreu dem Motto: „Endlich jemand, der noch unsicherer ist als ich.“

## Kupierte Rute

Betrachtet man die körpersprachliche Bedeutung der Rutenstellung, so wird klar, wie behindert kupierte Hunde in ihrer Kommunikation sind. Durch die verstümmelte Rute können sie selbst kaum klare Signale anzeigen noch von anderen Hunden richtig verstanden werden. Mittlerweile ist laut Tierschutzgesetz das Kupieren von Ruten und Ohren in fast ganz Europa verboten (Ausnahmen bezüglich der Rute gibt es bei Jagdhunderassen). Aber auch die rassetypischen Rutenhaltungen, z. B. hoch getragen wie beim Jack Russell Terrier, auf den Rücken gerollt wie beim Mops oder hängend wie beim Windhund, führen häufig zu gravierenden Kommunikationsmissverständnissen.

## Körperpositionen

Entscheidend für die Kommunikation sind natürlich auch bestimmte Körperpositionen, die die Hunde einnehmen.

### T-Stellung

Die T-Stellung ist eine aktive territoriale Begrenzung des Gegenübers, bei der sich ein Hund dem anderen in den Weg stellt, seinen Weg sozusagen kreuzt, um ihm das Privileg auf ungehemmte Bewegungsfreiheit gegenüber dem ranghohen Hund zu nehmen. Zwei Hunde begegnen einander, beschnüffeln sich, drehen sich im Kreis, bis der eine, aktivere Hund den anderen überholt und sich dominant quer vor ihn stellt. Hierbei bildet der dominante Hund den Balken des T, der andere den vertikalen Strich. In solchen Situationen sollten alle Menschen den Ort des Geschehens zügig, aber nicht hektisch verlassen, um die Situation zu deeskalieren.

Akzeptiert der andere Hund die dominante Stellung des ersten Hundes nicht, kann er dies durch Ignoranz zeigen und am Hinterteil des ersten Hundes vorbeigehen. Ein sozial sicherer Hund, der die Provokation vermeiden möchte, wählt in aller Regel nicht den Weg vorbei am Maul des Gegenübers, denn der Artgenosse könnte dies für sich selbst wiederum als Eingrenzung betrachten.

Zeigt sich der bedrängte Hund dem dominanten gegenüber submissiv, indem er z. B. den Kopf oder sogar den ganzen Körper wegdreht, kann sich die Situation auch entspannen, da diese erst einmal geklärt wurde.

**Wichtig**

### Signal „Bei Fuß“

In Anbetracht von Beobachtungen des hundlichen Verhaltens sind manche Übungen, die in einigen Hundeschulen durchgeführt werden, geradezu paradox. Das ganz enge Bei-Fuß-Gehen, mit der Schulter des Hundes am Bein des Menschen, mit vorgerichtetem, schräg vor dem Menschen gehaltenen Kopf, stellt in hündischer Kommunikation eine Provokation und ein Bedrängen dar. Warum ich als Mensch ausgerechnet ein solches Verhalten meinem Hund beibringen sollte, bleibt mir ein Rätsel.

Jack hält die Rute ganz nach unten abgesenkt und vollständig zwischen den Hinterbeinen eingeklemmt. Er ist stark unsicher.

Die Mischlingshündin Nyima ist durch ihre kupierte Rute in ihrer Körpersprache für andere Hunde oft nicht gut lesbar, was zu Problemen führen kann.

# Körperstellungen

Wenn Hunde sich begegnen, versuchen sie zunächst das Gegenüber einzuschätzen. Welche Position nimmt es ein, wie steht man selbst in Bezug auf das Gegenüber? Diese Einschätzung wird dann auch durch die Körperstellung der Hunde verdeutlicht.

1 Ginala läuft imponierend mit erhobener Rute an Crispy vorbei. Diese bleibt beschwichtigend mit gesenkter Rute und leicht angelegten Ohren stehen, sie wendet den Blick ab.

2 Ginala umrundet Crispy und steht waagerecht in T-Stellung vor ihr. Es findet ein kurzer Nasenkontakt statt, der aktiv von Ginala ausgeht. Crispy muss das Abschnüffeln von Ginala über sich ergehen lassen.

3 Crispy bleibt weiterhin beschwichtigend stehen, woraufhin Ginala sich entfernt. Sie wendet dabei den Kopf leicht ab und legt die Ohren leicht an. Die angespannte Situation ist zunächst einmal geklärt.

1 Der einjährige unkastrierte Janeiro trifft zum ersten Mal auf den dreijährigen unkastrierten Dexter. Beide Rüden stehen frontal zueinander, mit deutlich ausgeprägtem Imponierverhalten.

2 Janeiro umkreist Dexter, dieser bleibt angespannt stehen, behält Janeiro aber weiterhin im Blick. Kopf und Rute bleiben erhoben, Dexter steht noch mit dem Gewicht auf allen vier Beinen.

3 Die jungen Rüden stehen nun parallel nebeneinander, beide noch mit deutlichem Imponierverhalten, das Gegenüber fixierend. Wenn jetzt keiner der beiden nachgibt und deeskaliert, wird es zu einer Auseinandersetzung kommen.

4 Janeiro stellt sich nun in einer schnellen Bewegung waagerecht vor Dexter, und übernimmt dadurch die dominante Rolle in dieser Situation. Dexter weicht zurück, er versucht die Situation zu deeskalieren.

## Bedeutung der Körperhaltung

Oft führt die Körpersprache des Hundes bei uns Menschen zu Missverständnissen, da sie nicht richtig verstanden wird. Man darf nicht den Fehler machen und die Signale des Körpers isoliert sehen. Der ganze Körper muss bei der Deutung miteinbezogen werden; da einzelne Signale unterschiedliche Bedeutung haben können, ist ihre Kombination besonders wichtig (Feddersen-Petersen, 1986).

### Entspannte Haltung

Um die vielen Ausdrucksformen der Hunde besser verstehen zu können, ist es zunächst einmal wichtig, die entspannte, normale Körperhaltung eines Hundes zu erkennen. Der Hund steht mit leicht angehobenem Kopf auf seinen leicht gewinkelten Beinen. Der Fang ist oft leicht geöffnet, die Zunge etwas sichtbar. Die Rute hängt entspannt nach unten und die Ohren werden leicht aufgerichtet gehalten. Ein Hund mit Hängeohren kann natürlich nur die Ohrwurzel nach vorn ziehen und nicht, wie ein Hund mit Stehohren, das ganze Ohr komplett aufrichten.

### Aufmerksame Haltung

Der Hund steht mit angehobenem Kopf, leicht nach vorn geneigt, das Gewicht auf die Zehen gestützt. Die Ohren sind nach vorn gerichtet, die Augen geöffnet. Die Nase und die Stirn sind glatt und der Fang bleibt meist geschlossen. Die Rute steht relativ waagerecht vom Körper ab und kann leicht hin und her bewegt werden.

### Verspielte Haltung

Der Hund zeigt im schnellen Wechsel übertriebene Bewegungsmuster und Körperstellungen ohne konkreten Bezug auf die momentane Situation. Typisch für einen spielenden Hund ist häufig die Vorderkörpertiefstellung. Hierbei werden die Vorderbeine auf den Boden gedrückt, der Vorderkörper wird gesenkt. Die Rute ist hierbei aufgerichtet, meistens mit einem kräftigen, breiten Wedeln verbunden. Die Ohren sind aufgerichtet, die Augen weit geöffnet und der Fang leicht geöffnet, sodass die Zunge sichtbar sein kann. Hinzu kann ein auffordernde helles Bellen kommen, das den anderen Hund provozieren soll mitzuspielen. Im Spiel werden schnell wechselnde Bewegungen gezeigt.

Milka steht in entspannter Haltung. Das Gewicht wird gleichmäßig auf alle vier Beine verteilt.

Sammy steht in aufmerksamer Haltung, das Gewicht wird leicht auf die Vorderbeine verlagert.

Jiggar fordert Anouk zum Spiel auf. Dazu senkt er den Vorderkörper ab und drückt die Vorderbeine auf den Boden. Mit einem Spielbellen fordert er Anouk auf, sich auf das Spielangebot einzulassen.

Spielen Hunde untereinander, mischen sie viele Verhaltensformen. Manche Hunde lieben es, die Beute zu spielen und gejagt zu werden, andere hingegen jagen lieber hinter der vermeintlichen Beute her. Im Spiel kommt es aber auch häufig zum Rollenwechsel und jeder ist mal der Jäger oder der Gejagte. Spielen zeichnet sich weiterhin durch übertriebene, schnell wechselnde Bewegungen aus.

Die Hunde zeigen häufig schnell wechselnde Mimik, die auch Signale aus dem Drohverhalten beinhalten kann, die aber nicht ernst gemeint sind. Im Spiel wird somit gelernt, wie man mit Aggressionen umgeht. Dabei wird auch spielerisch erfahren, welcher der Hunde der Stärkere ist.

## Spiel als Training zur Kommunikationsfähigkeit

„Regelmäßiges Spielen baut Vertrauen auf, erweitert das Repertoire des Hundes in seiner Kommunikationsfähigkeit innerhalb der eigenen Art und trägt dazu bei, dass sein Fang locker bleibt.

Je öfter Hunde mit anderen in Kontakt treten, desto runder werden ihre sozialen Fähigkeiten, was sie letztlich zu wahren Diplomaten macht, die sogar die ängstlichen oder asozialsten Hunde zu einem Spiel überreden, grobe Kerle besänftigen und über eine umwerfend subtile Körpersprache potenzielle Kampfsituationen entschärfen können" (Donaldson, 2000).

Anouk zeigt ein deutliches Spielgesicht: Übertriebene Mimik, weit aufgerissenes Maul, Zähne stark sichtbar.

# Spiel oder Ernst?

Wenn es sich bei der Begegnung zweier Hunde wirklich um ein entspanntes Spiel handelt, sieht man nicht nur die typischen Spielbewegungen wie z. B. die Vorderkörpertiefstellung, übertriebene Bewegungen und das Spielgesicht, es findet auch ein häufiger Rollenwechsel statt.

1 Anouk und Jiggar laufen im Spiel nebeneinander her. Jiggar versetzt ihr dabei einen nicht ernst gemeinten Stups in den Hals-/Nackenbereich, um das Spiel wieder zu forcieren.

2 Anouk begrenzt Jiggar, indem sie vor ihn läuft, jetzt übernimmt sie die dominante Rolle im Spiel. Dieser versucht die Situation durch eine angedeutete Spielaufforderung zu entschärfen.

3 Die beiden Spielpartner gehen frontal aneinander hoch. Jiggar versucht Anouk zu begrenzen, indem er ihr eine Pfote auf den Rücken legt. Das weit offene Maul signalisiert, dass es sich immer noch um Spiel handelt.

4 Anouk löst sich aus der Situation, wendet sich aber sofort wieder Jiggar zu. Das Spiel bleibt noch körperlich, doch es kann jederzeit ein Wechsel zum dynamischen Jagdspiel folgen.

5 Anouk begrenzt Jiggar durch ihren Körper, sie steht waagerecht vor ihm. Jiggar nutzt dies seinerseits, um Anouk zu begrenzen, indem er ihr den Kopf auf den Rücken legt.

6 Aus diesem sehr körperlichen Spiel entwickelt sich nun ein Rennspiel, Jiggar startet mit weiten Sprüngen und wird von Anouk verfolgt.

7 Die Spielintention wird nicht nur durch die typische Vorderkörpertiefstellung und die deutlichen Spielgesichter, sondern auch durch den häufigen Rollenwechsel gezeigt.

Golden Doodle-Rüde Dexter steht in Imponierhaltung mit geradem Rücken steifbeinig auf allen vier Beinen. Rute und Kopf sind stark erhoben.

## Imponierhaltung

Es gibt viele Imponierbewegungen, wie z. B. das Scharren, Markieren, Aufreiten, Pfoteauflegen, die T-Stellung. Doch ein Hund kann auch allein durch seine Körperhaltung imponieren. Er steht dabei steifbeinig auf allen vier Beinen und versucht durch starkes Anheben des Kopfes sich größer zu machen als er eigentlich ist. Die Rute kann mehr oder weniger hoch getragen und leicht pendelnd hin und her bewegt werden. Die Ohren sind leicht nach vorn gestellt. Der direkte Blickkontakt wird aber häufig vermieden, denn Imponiergehabe läuft ja nicht zwingend auf eine körperliche oder aggressive Konfrontation hinaus.

## Haltung bei offensiver Drohung

Die Haltung bei der offensiven Drohung ähnelt der Imponierhaltung. Die Hunde stehen steifbeinig und leicht nach vorn geneigt. Hals- und Nackenhaare sind häufig gesträubt. Sie heben die Rute über die Rückenlinie an, dabei können auch die Rutenhaare gesträubt sein. Die Rute ist steif, kann aber auch leicht vibrieren. Sie tragen den Kopf leicht gesenkt, sodass Kopf und Rücken eine Linie bilden.

Die Mimik ist dabei gekennzeichnet durch kurze, runde Maulwinkel, die sich nach vorn hin zu einem Zähnefletschen hochziehen. Je unsicherer der Hund

Ginala droht offensiv mit rundem Maulwinkel und dem Blick über den nach unten gehaltenen Nasenrücken.

in dieser Situation ist, desto länger wird der Maulwinkel nach hinten gezogen. Die Ohren sind nach vorn gerichtet und der Gegner wird eventuell auch knurrend fixiert. Kurz vor einem Angriff kann es zu einem kurzen Lecken über die Nase kommen.

### Haltung bei defensiver Drohung

Auf eine offensive Drohung kann ein anderer Hund mit defensiver Drohung antworten. Dies kann sich durch eingeknickte Beine, Verkleinern des Körpers, Sträuben der Nackenhaare, Einklemmen der Rute, Zurücklegen der Ohren und In-die-Luft-Beißen zeigen. Die Maulwinkel werden lang und spitz nach hinten gezogen, die Zähne werden über den gesamten Maulbereich gefletscht, sogar so stark, dass auch die Backenzähne und das Zahnfleisch sichtbar werden. Hierbei kann der Hund auch schreien, knurren oder Belllaute von sich geben (Feddersen-Petersen, 1986).

Jack droht defensiv. Das Gewicht ist nach hinten verlagert, der Rücken abgesenkt, der Nasenrücken weist nach oben.

### Unterwerfung

Unterwerfung ist ein Zeichen von Unterordnung, d. h., ein rangniedriges Tier unterwirft sich einem ranghöheren. Das rangniedere Tier kann dies z. B. dadurch verdeutlichen, dass es sich kleiner macht, den Kopf zu Boden senkt, zu kriechen beginnt oder sich auf den Rücken legt. Dieses Verhalten kann bei anderen Hunden die Aggression dämpfen, da der Hund durch die verkleinerte, infantile Körperhaltung dem Gegenüber zu verstehen gibt, dass von ihm keine Gefahr ausgeht. Der Gegner kann sich aber auch durch die reine Anwesenheit des anderen so gestört fühlen, dass unterwürfiges Verhalten zur Einstellung der Aggression nicht ausreicht.

Nyima antwortet auf die offensive Drohung mit defensiver Aggression. Die Rute ist stark eingezogen.

Ginala fixiert Nyima, welche nun stark beschwichtig. Die Situation ist jedoch noch nicht endgültig geklärt.

Flat Coated-Rüde Buck zeigt aktive Unterwerfung gegenüber dem Appenzeller-Rüden Basti. Der Rücken wird abgesenkt, die Ohren sind leicht angelegt, das Verhalten wirkt leicht aufdringlich.

## Haltung bei aktiver Unterwerfung

Die aktive Unterwerfung geht vom submissiven Tier selbst aus. Sie erscheint manchmal geradezu als aufdringlich. Der rangniedere Hund ist zwar auch angespannt, geht aber auf den ranghöheren zu und versucht diesen aktiv zu besänftigen, indem er ihm z. B. an den Maulwinkeln leckt oder beschwichtigend die Pfote hebt. Der Blickkontakt wird nicht – wie bei der passiven Unterwerfung – vermieden, es entstehen kurze und indirekte Blickkontakte. Der Hund verringert seine Körpergröße.

Diese Bewegungen ähneln sehr stark dem typischen Futterbetteln der Welpen. Der Hund zieht sein Gesicht nach hinten, legt die Ohren an und zieht die Maulwinkel in Richtung der Ohren.

## Haltung bei passiver Unterwerfung

„Der Anstoß zur passiven Unterwerfung geht vom dominanten Tier aus…" (Aldington, 1986). Der andere Hund unterwirft sich in diesem Fall komplett, liegt auf dem Rücken und wagt es nicht, sich auch nur im Geringsten zu bewegen. Man spricht von passiver Unterwerfung, wenn sich der Hund in dieser Position ganz ruhig, still und passiv verhält. Allein das Auf-den-Rücken-Werfen kann schon die Aggressionen des drohenden Hundes dämpfen. Auffälligerweise haben Welpen eine fast nackte, zartrosafarbene Bauchdecke, und auch viele erwachsene Hunde sind an der Körperunterseite mit hellerem Fell bewachsen. Diese hellere Farbe scheint als

Buck zeigt vollständige aktive Unterwerfung gegenüber Basti, indem er diesem die Maulwinkel leckt.

Basti reagiert auf das zwar aktiv beschwichtigende, dabei aber stark aufdringliche Verhalten von Buck mit offensiver Aggression. Buck reagiert hierauf zunächst noch mit defensiver Aggression.

Signal bei der Aggressionsdämpfung ebenfalls eine große Rolle zu spielen. Unterwirft sich ein Hund passiv, vermeidet er automatisch den direkten Blickkontakt, da das Gesicht abgewendet ist, zieht aber doch meist die Maulwinkel stark nach hinten. Die passive Unterwerfung kann auch von Winseln, Fiepen oder Schreien begleitet werden. Doch das „Sich-auf-den-Rücken-Legen“ ist nicht immer eine Unterwerfung, der liegende Hund kann durchaus noch andere Signale aussenden, indem er z. B. tritt oder den Gegner mit Blicken provoziert.

Wird Unterwerfung nur in abgeschwächter Form gezeigt, kann der Hund diese dem Gegner auch im Stehen oder Sitzen signalisieren, indem er zu der eben beschriebenen Mimik den Blickkontakt vermeidet, sich die Schnauze leckt oder ungerichtete Leckbewegungen ausführt und evtl. sogar als Beschwichtigungsgeste eine Vorderpfote in Richtung des Gegners anhebt (Feddersen-Petersen, 1986).

Wichtig

### Scheinbare Unterwerfung

Nicht jeder Hund, der sich auf den Rücken legt, unterwirft sich auch. Nur weil ein Hund auf dem Rücken liegt, heißt es nicht, dass er den anderen Hund nicht fixieren, treten oder durch Blicke provozieren kann.

Buck zeigt nun passive Unterwerfung. Er liegt auf dem Rücken, während Basti über ihm steht.

# Signale zur Konfliktvermeidung

Wenn ein Hund beschwichtigt, sendet er vorbeugende Signale aus, die dazu dienen sollen, Konflikten aus dem Weg zu gehen bzw. sie gar nicht erst entstehen zu lassen. Diese Konfliktvermeidungssignale unterteilt man beim Hund in drei unterschiedliche Gruppen: Übersprunghandlungen, Beschwichtigungssignale und Beruhigungssignale.

## Übersprunghandlungen

Ist ein Hund unter starkem Druck oder kommt er mit einer Situation nicht zurecht, zeigt er Ersatzhandlungen, sogenannte Übersprunghandlungen. Sie werden vom Hund gezeigt, wenn er zwischen zwei Handlungen, Antrieben oder Emotionen hin- und hergerissen ist. Hierzu gehören z. B. Gähnen, Sich-Kratzen, Sich-Schütteln, wenig zielgerichtetes Schnüffeln, Niesen und das Lecken der Schnauze. Diese Handlungen scheinen ihm dabei zu helfen, seine momentanen Spannungen zu lösen, sich selbst zu beruhigen.

Übersprunghandlungen müssen natürlich immer im Zusammenhang mit der Situation gesehen werden. So ist nicht jedes Gähnen oder Kratzen ein Hinweis auf Stress. Dennoch sollte man sich Gedanken machen, wenn ein Hund im Training z. B. immer wieder Übersprunghandlungen wie das Sich-Kratzen zeigt. In vielen Fällen ist der Hund überfordert. Dies erfolgt z. B. dann,

Hunde gähnen aus verschiedenen Gründen. Stress kann einer davon sein.

Crispy dauert das Warten zu lange. Als Übersprunghandlung beginnt sie sich zu kratzen.

Hunde schütteln sich z. B. nach dem Wälzen, aber auch als Übersprunghandlung, wenn sie Stress haben. Beobachte deinen Hund genau, welche körpersprachlichen Signale er vor bzw. nach dem „Sich-Schütteln" zeigt.

wenn die ablenkenden Reize für den Hund eigentlich noch zu groß sind. Er möchte dann gern das gelernte Signal des Menschen ausführen und sitzen bleiben, andererseits lockt in der Nähe vielleicht ein frei laufender Hund, mit dem man prima spielen könnte. Wechsle in diesem Fall die Umgebung und baue ablenkende Reize in kleinen Schritten ein. Beginne z. B. mit einem ruhig abliegenden Hund in weiter Distanz als ablenkendem Reiz, bevor ein anderer Hund in der Nähe ist und sich dann später sogar selbst dynamisch bewegt.

### Schnauze lecken

Das Lecken der Schnauze geschieht oft so schnell und so versteckt, dass man es als Mensch häufig gar nicht wahrnimmt. Die Hunde zeigen es, wenn sie anderen Hunden begegnen und sie sich ihnen nähern oder wenn sich jemand über den Hund beugt. Das Schnauzelecken ist ein typisches Stresssymptom, das sowohl Vorstufe von aggressivem Verhalten als auch ein Zeichen von Unterwürfigkeit sein kann. Hierzu gilt es, wie so oft, die Gesamtsituation zu betrachten.

## Beschwichtigungssignale

Diese Signale gehen immer vom rangniedrigen bzw. vom unsicheren Hund in der jeweiligen Situation aus. Sie sollen den ranghöheren bzw. sicheren Hund dazu bringen, keine Aggression zu zeigen;

Sehr unsichere Körperhaltung. Reina hat Stress, was sie durch wenig zielgerichtetes Schnüffeln zeigt.

ein aufkommender Konflikt soll damit abgewendet werden. Es kann sich allerdings hierbei auch nur um einen scheinbar aufkommenden Konflikt handeln. Ist ein Hund sehr unsicher, fühlt er sich vielleicht schon vom freundlich, aber direkt schauenden Gegenüber so verunsichert, dass er einen Konflikt vermutet, obwohl dieser gar nicht beabsichtigt war. Zu den Beschwichtigungssignalen gehört das Unterwürfigkeitsgesicht, das Vermeiden des Blickkontakts, das Pföteln und das Sich-klein-Machen.

### Unterwürfigkeitsgesicht

Beim Unterwürfigkeitsgesicht zieht der Hund sein Gesicht nach hinten, legt die Ohren eng an und zieht die Maulwinkel in Richtung der Ohren. Dadurch wird die Stirn weit nach hinten gezogen und erscheint sehr glatt. Der Kopf kann dabei leicht schräg gehalten werden, die Augen sind oftmals klein, manchmal sogar leicht geschlossen, um den Blickkontakt zu vermeiden.

### Vermeidung des Blickkontaktes

Indem der Hund den Kopf abwendet, möchte er den Blickkontakt vermeiden, weil er sich in der momentanen Situation unwohl fühlt oder schlicht schon im Vorfeld deeskalieren will. Er kann ihn dabei von einer Seite zur anderen drehen oder den Kopf für längere Zeit zu einer Seite wegdrehen. Das Verhalten kann mehr oder weniger stark gezeigt werden und ist immer situationsabhängig.

In manchen spannungsgeladenen Situationen könnte aber auch schon die kleinste Kopfbewegung zu viel sein und bei einem anderen Hund einen Angriff auslösen. In solchen Momenten beschwichtigen Hunde auch nur mit ihren Augen oder mit ihrem Blick. Anstatt seinem Gegenüber direkt in die Augen zu starren, wendet der Hund seinen Blick ab, lässt ihn vielleicht von links nach rechts wandern oder er beginnt mit den Augenlidern zu zwinkern. Möglich ist auch, dass der Hund seine Augen nur kurz schließt und wieder öffnet oder sie nur leicht senkt.

Das Kopfabwenden zeigt der Hund z. B. bei der Umarmung durch einen Menschen, der sich bedrohlich über den Hund beugt. Beim Training von Hunden beobachte ich leider häufig, dass sich Menschen ihrer und der Körpersprache des Hundes nicht bewusst sind. Oft sieht man Menschen, die sich über ihren Hund beugen und ihn zur Belohnung tätscheln oder drücken, obwohl

Nyima zeigt beschwichtigendes Verhalten. Sie wendet den Kopf und den Blick ab, die Ohren sind angelegt.

Sammy empfindet das Streicheln nicht als Belohnung. Er senkt den Kopf ab.

So ist es richtig: Anja steht als Puffer vor ihrer unsicheren Hündin und übernimmt den ersten Kontakt.

Jenny hockt sich hin, um mit Nyima Kontakt aufzunehmen. Sie lässt diese an der Hand schnuppern.

dieser aus Unsicherheit bereits den Kopf abwendet. Aus Hundesicht bedrängt hier der Mensch statt zu belohnen. Fühlt sich der Hund durch das Verhalten des Menschen so stark bedrängt, kann er in defensiver Aggression auch nach vorn gehen. Streichle deinen Hund daher lieber an der Seite, kraule ihn unter dem Kinn oder an den Ohren, dies wird er angenehmer finden als eine Hand, die ihm oben auf den Kopf gelegt wird. Hilf deinem unsicheren Hund bei der Begrüßung durch eine fremde Person, indem du zunächst den Menschen begrüßt. Dein Hund hat dadurch Zeit, die Person erst einmal in Ruhe wahrzunehmen. Stehe dabei am besten auch leicht vor deinem Hund, so zeigst du ihm deutlich, dass du die Situation übernimmst. Zur Begrüßung sollte sich der fremde Mensch dann hinhocken und dabei leicht seitlich drehen. Ein direkter Blickkontakt sollte zudem vermieden werden. Lass dem Hund Zeit, die Person kennen zu lernen, indem du ihn zunächst einmal vorsichtig schnuppern lässt.

Crispy vermeidet den Blickkontakt, indem sie beginnt zu blinzeln.

### Pfote anheben und Pföteln

In vielen unsicheren oder gestressten Momenten hebt der Hund unterwürfig die Pfote, um sich selbst zu beruhigen. Diese Geste hat sich phylogenetisch (also entwicklungsgeschichtlich) aus dem Milchtritt des Welpen an der Milchleiste der Mutterhündin entwickelt. Sie unterscheidet sich deutlich vom dominanten Pfote-Auflegen des Hundes, z. B. auf das Knie des Menschen, mit dem der Hund Aufmerksamkeit einfordern will.

Michel zeigt starkes beschwichtigendes Verhalten, als Martin mit ihm Kontakt aufnehmen will.

Michel zeigt weiter beschwichtigendes Verhalten, indem er zu pföteln beginnt.

### Sich-klein-Machen

Hunde reagieren auf diese Weise, wenn ein Hund oder eine Person z. B. aggressiv wirkt oder zu schnell auf sie zugeht. Hierbei macht der Hund häufig einen Rundrücken, ein Zeichen von Unsicherheit. Er wendet sich dabei oft erst mit der Körperfront, später auch mit dem gesamten Hinterteil vom Gegenüber ab. Zusätzlich können weitere Beschwichtigungsgesten wie das Unterwürfigkeitsgesicht, das Vermeiden des Blickkontaktes oder das Pföteln gezeigt werden.

## Beruhigungssignale

Diese Signale gehen immer vom ranghöheren bzw. vom sicheren Hund in der jeweiligen Situation aus. Sie sollen dem rangniedrigen bzw. unsicheren Hund signalisieren, dass kein Stress zu erwarten ist, die Situation entspannt ist. Sie sind daher dazu gedacht, den rangniedrigen bzw. unsicheren Hund zu beruhigen und ihm Sicherheit zu geben. Zu diesen Signalen gehört z. B. das demonstrative Desinteresse, das Abwenden des Kopfes bzw. Vermeiden des Blickkontakts oder aber auch das Abwenden des gesamten Körpers. Das Kopfabwenden wird auch in der Kommunikation unter Hunden gezeigt. Nähert sich ein Hund imponierend einem anderen, kann dieser durch Kopfabwenden die Situation entspannen.

### Bogen laufen

Hätten Hunde die Wahl, würden sie es häufig vermeiden, frontal aufeinander zuzugehen, denn frontale Begegnungen bedeuten in aller Regel Provokation. Zu Beobachten ist dies normalerweise nur, wenn sich die Hunde gut kennen oder anhand von zuvor gezeigten Beschwichtigungsgesten Vertrauen gewonnen haben. Ansonsten schlagen sie aber immer einen mehr oder weniger großen Bogen, um sich dann seitlich näher zu kommen. Aus diesem Grund ist es für viele Hunde stressig, wenn sie an der Leine vom Menschen frontal auf einen anderen Hund zugeführt werden. Sie werden praktisch in eine Konfrontation gezwungen, der sie sich normalerweise gar nicht stellen würden. Daher sollte man auf einem Spaziergang an entgegenkommenden Hunden in einem Bogen vorbeigehen.

Das „Bogenlaufen“ gehört zu den Beruhigungssignalen des Hundes, der Hund wendet sich vom entgegenkommenden Hund mit dem Körper ab. Dieses Signal zeigen ranghöhere Hunde, wenn sie rangniedrigeren Hunden entgegenkommen. Sie laufen dabei nicht frontal auf den anderen Hund zu, sondern in einem leichten Bogen. Damit signalisieren sie dem anderen Hund, dass von ihnen keine Gefahr ausgeht und der Entgegenkommende sich entspannen kann. Aus Sicht des eigenen Hundes handelt der Mensch vernünftig, das Bogenlaufen stärkt damit die Mensch-Hund-Beziehung und fördert das Vertrauen des Hundes in seinen Menschen.

Daher solltest du auf einem Spaziergang mit deinem angeleinten Hund dieses Signal ebenfalls einsetzen, um eine Begegnung mit einem anderen Hund entspannt zu gestalten. Ein Hund, der an der Leine ist, kann ja nicht so kommunizieren, wie er es frei laufend tun würde. In einem solchen Fall bist also du dafür verantwortlich, die Begegnung für beide Parteien stressfrei zu gestalten.

### Seite wechseln

Neben dem Bogenlaufen gibt es noch weitere Möglichkeiten, seinem Hund eine Begegnung mit Artgenossen an der Leine zu erleichtern. Viele Menschen führen ihren Hund immer an der gleichen Seite, zumeist an der linken. Ein Hund wurde früher immer an der linken Seite geführt, da er so seinen Menschen besser auf der Jagd begleiten konnte. Denn die meisten Menschen sind Rechtshänder, und so halten viele Jäger die Waffe rechts. Der auf der linken Seite laufende Hund behindert daher den Jäger nicht, noch gefährdet er sich selbst.

In der heutigen Zeit spricht aber nichts dagegen, den Hund sowohl links als auch rechts zu führen. Dein Hund kann lernen, auf ein Signal wie z. B. „Rechts" oder „Links" die entsprechende Seite aufzusuchen und dort an lockerer Leine zu laufen. Dazu lockst du deinen Hund z. B. mithilfe eines Leckerchens an die entsprechende Seite und gibst dann das jeweilige Signal. Nach einiger Zeit hat dein Hund gelernt, auf dieses Signal hin die richtige Seite einzunehmen. Begegnest du auf dem Spaziergang nun einem anderen Hund, kannst du diese Begegnung entspannen, indem du deinen Hund auf der dem entgegenkommenden Hund entgegengesetzten Seite laufen lässt, sodass sie sich nicht direkt begegnen. Dadurch wirkst du als Puffer zwischen deinem und dem fremden Hund.

Da Martin weiter versucht, Kontakt aufzunehmen, wendet Michel nun den ganzen Körper von Martin ab. Er hat großen Stress und leckt sich die Schnauze.

# An der Leine an anderen Hunden vorbei

Wenn sich zwei angeleinte Hunde auf dem Spaziergang begegnen, ist es für viele Hunde nicht angenehm, frontal in Richtung des anderen Hundes zu laufen. Hier kannst du die Situation entspannen, indem du einen kleinen Bogen läufst.

1 Hovawart-Rüde Sammy ist mit Stephanie unterwegs. Auf dem Spaziergang begegnen die beiden Claudia mit ihrem Mischlingsrüden Balou. Beide Hunde sind angeleint.

2 Sammy geht nicht gern frontal auf andere Hunde zu. Er zeigt den Stress in dieser Situation durch das Lecken der Schnauze deutlich an.

3 Stephanie verlässt den Weg und weicht auf die Wiese aus, sodass Sammy einen leichten Bogen laufen kann. So wird die Situation für ihn angenehmer. Auch Claudia hat erkannt, dass die Begegnung für Sammy stressig ist und läuft ebenfalls einen leichten Bogen.

4 Dadurch, dass beide Menschen ihren Hund an der vom anderen Hund abgewandten Seite führen, wird der Stress für Sammy noch einmal deutlich reduziert. Sammy ist sofort deutlich entspannter und folgt Stephanie an lockerer Leine.

# Training mit der Reizangel

## Ideal für den Hund als Bewegungsseher

Bei Hetzspielen darf dein Hund einer an einer Schnur befestigten Beute hinterherhetzen. Für Hetzspiele eignet sich eine Reizangel. Diese kannst du z. B. im Fachhandel kaufen. Genauso kannst du aber auch eine Longierpeitsche aus dem Reitsportbedarf zweckentfremden oder die Reizangel selbst bauen. Eine Reizangel besteht aus einem ca. 2 m langen Stock, an dessen oberen Ende eine ebenfalls ca. 2 m lange Schnur befestigt ist. Natürlich kannst du Stock- und Schnurlänge auch variieren, jedoch bist du mit einem kürzeren Stock deutlich eingeschränkt, dein Hund wird die Beute vermutlich schnell erhaschen. Einen längeren Stock kann man in der Regel nicht mehr so gut und schnell bewegen, sodass auch damit dein Hund die Beute relativ schnell fangen wird.

Die Schnur darf nicht zu dünn sein, sie sollte mindestens einen Durchmesser von 4 mm haben. Falls dein Hund sich beim Hetzen einmal in der Schnur verwickelt, besteht dann kaum Gefahr, dass er sich ein Bein abschnürt und verletzt. Am Ende der Schnur wird nun die Beute befestigt. Achte dabei darauf, dass diese nicht zu schwer ist, da du sonst die Beute an der Reizangel nicht schnell bewegen kannst. Ein kleines Dummy, ein Ball, ein Schweineohr oder auch nur ein Stück Kaninchenfell eignen sich besonders gut.

Lilyen muss warten, während Andrea die Beute an der Reizangel auswirft.

Auf ein Handzeichen von Andrea darf Lilyen der Beute an der Reizangel hinterherlaufen.

## Beginn des Hetzspiels

Nimm nun den Stock in die eine und die Beute in die andere Hand. Mach deinen Hund auf die Beute aufmerksam und wirf diese weg, während dein Hund alles gespannt verfolgt. Läuft dein Hund nun der Beute hinterher, bewegst du sie – erst kurz bevor dein Hund an der Beute angekommen ist – ein kleines Stück. Achtung, die Bewegung sollte beim ersten Mal noch sehr vorsichtig erfolgen, denn dein Hund soll sich ja nicht vor der sich auf einmal bewegenden Beute erschrecken und diese dann meiden. Lass deinen Hund die Beute dann auch direkt fangen. Beim nächsten Mal kannst du die Beute nun schon etwas weiter ziehen, z. B. einen Viertelkreis. Steigere die Strecke, die dein Hund hinterherlaufen muss, jetzt jedes Mal ein wenig, bis dein Hund dich ein- bis zweimal ganz umrundet. Nun kannst du deinen Hund auch einmal etwas länger hetzen lassen. Variiere dabei die Streckenlänge immer wieder, damit dein Hund die Lust am Hetzen nicht verliert. Er muss auch Erfolg haben! Spannend machst du die Hetze auch, indem du unerwartet immer wieder die Richtung wechselst. Bitte achte aber dabei darauf, dass du deinen Hund beim Richtungswechsel mit der Beute nicht erschlägst!

Lilyen liebt das Hetzspiel an der Reizangel, sie läuft im schnellen Jagdgalopp der Beute hinterher.

Endlich geschafft: Lilyen hat die Beute eingeholt und packt sie sich gleich.

## Dauer des Hetzspiels

Das Hetzspiel mit der Reizangel ist für Hunde sehr anstrengend. Führe es daher nicht zu lange durch, ein Zeitraum von fünf bis maximal zehn Minuten ist vollkommen ausreichend. Zudem sollte dein Hund für dieses Spiel körperlich gesund sein. Hunde mit Herz- oder Gelenkproblemen können nur sehr bedingt mit der Reizangel beschäftigt werden. Dies gilt ebenso für Welpen und junge Hunde, die sich noch im Wachstum befinden. Verkürze mit solchen Hunden das Training auf ein bis zwei Minuten und vermeide bei Hunden mit Gelenkproblemen und Hunden im Wachstum Wechsel, bei denen der Hund enge Wendungen oder sogar Sprünge ausführen muss.

## Hetzen auf Signal

Natürlich soll dein Hund nun nicht unkontrolliert alles hetzen, was sich bewegt. Nutze daher das Training an der Reizangel auch direkt für ein Impulskontrolltraining. Dein Hund soll nun lernen, erst einmal sitzen zu bleiben, wenn du die Beute an der Reizangel auswirfst. Erst auf dein Signal hin darf er loslaufen und mit der Hetze beginnen. Mit diesem Training lernt dein Hund, Beute geschickt zu verfolgen, aber auch visuelle Reize auszuhalten.

# Körperkontakt: Bedeutung für Hunde

## Fellberührungen

Taktile Kommunikation findet auch bei Hunden statt, sie nutzen die Berührung zur Unterstützung von Signalen. Taktile Reize sind für den Hund besonders wichtig beim Spiel, der gegenseitigen Körperpflege oder bei der Paarung. Der taktile Reiz findet in der Kommunikation der Hunde erst statt, nachdem alle zuvor genannten Kommunikationsformen vorgeschaltet wurden.

Wir Menschen haben selbst ein starkes Bedürfnis, Hunde immer wieder zu streicheln und anzufassen. Das weiche Fell und vor allem unsere starke emotionale Bindung zum Hund zwingt uns förmlich dazu. Der Hund, der mit dem Menschen lebt, sollte Körperpflegemaßnahmen wie Bürsten, Augen- und Ohrenkontrolle oder Krallenschneiden problemlos zulassen. Übe diese Handlungen von Welpe an, so gibt es später einmal keine Probleme. Im Idealfall nimmt dein Hund dich als Sozialpartner wahr und genießt die Pflegemaßnahmen genauso wie das Streicheln und Kraulen.

### Streicheln, nicht Klopfen

Streicheln ist hierbei allerdings nicht mit Klopfen zu verwechseln, es ist eine sanfte Form der Berührung! Der Hund sieht dieses vom Menschen lobend gemeinte Klopfen nicht als Belohnung, sondern empfindet es als unangenehm und im schlimmsten Fall sogar als Maßregelung, wie das heftige Tät-

Tink genießt die Streicheleinheiten von Martin. Sie liebt es, am Hintern gekrault zu werden.

Tink lässt sich auf den Rücken fallen, damit Martin ihr nun auch noch den Bauch kraulen kann.

Tink genießt in völliger Entspannung die Streicheleinheiten von Martin. Sie hat die Augen leicht geschlossen, die Pfoten hängen locker.

scheln auf den Kopf. In der Kommunikation unter Hunden kommen diese Formen der Berührung höchstens als ein Stupsen vor. Von oben kommende Berührungen bedeuten in der Hundesprache immer eine Bedrohung und können dann missverstanden werden.

Besonders gern hat der Hund es, wenn er von seinem Menschen, wie von der Mutterhündin, an pflegenden Stellen gestreichelt wird. Dazu gehören z. B. das Kinn, die Ohren, der Bauch und der hintere Rücken. Die Welpen werden von der Mutter auch auf den Rücken gedreht, damit sie ihnen den Bauch zur Verdauungsstimulation lecken kann. So genießen es auch viele erwachsene Hunde noch, am Bauch gestreichelt zu werden.

### Streicheln fremder Hunde

Das Berühren fremder Hunde ist mit Vorsicht zu genießen. Nicht jeder Hund lässt sich gern von Fremden anfassen. Bei gut auf Menschen sozialisierten Hunden ist dies in aller Regel kein Problem. Jedoch gibt es genügend Hunde, die sich hierdurch bedrängt bzw. belästigt fühlen. Viele Menschen gehen frontal auf einen fremden Hund zu und lassen sich nicht mal von ihm beschnuppern, bevor sie ihn anfassen. Aus erzieherischer Sicht sollte man sowieso erst den Menschen begrüßen, damit für den Hund klar wird, dass er nicht im Mittelpunkt steht. Frage daher immer erst einmal beim Halter des Hundes nach, ob du den Hund problemlos streicheln kannst.

Sammy testet durch Pfote-Auflegen an, ob er auf Buck aufreiten kann. Als Vorstufe des Aufreitens …

… legt Sammy beide Vorderpfoten auf den Rücken von Buck und schränkt diesen dadurch stark ein.

## Stoßen und Stupsen

### Kopf oder Pfote auflegen

Legt ein Hund einem anderen Hund in einer angespannten Situation den Kopf auf, handelt es sich um eine massive Einschränkung der Bewegungsfreiheit. Meistens wird der Kopf dabei auf den Rücken des anderen Hundes aufgelegt, es wird dabei leichter Druck auf den Rücken ausgeübt, um der Einschränkung Nachdruck zu verleihen.

Bekommt ein Hund die Pfote eines anderen Hundes aufgelegt, versteht er diese Geste als dominante Aufforderung. Der andere Hund schränkt ihn in seiner Bewegungsfähigkeit ein. Diese Geste ist nicht mit dem fordernden Stupsen zu verwechseln. Hunde können einen anderen Hund mit der Pfote anstupsen. Dies ist dann entweder als Aufforderung zum Spiel gemeint, es kann aber auch als erste vorsichtige Annäherung vor dem Aufreiten gezeigt werden.

Beide Gesten können auch in Kombination gezeigt werden, indem der Hund sowohl Kopf als auch Pfote auflegt. Die dominante Intention des Kopf und Pfote auflegenden Hundes wird dadurch noch unterstrichen. Noch deutlicher wird die Geste, wenn der Hund beide Vorderpfoten auf den Rücken des anderen Hundes legt.

Die hier beschriebenen Gesten beziehen sich zudem auf Hunde, die stehen oder sitzen, und sind nicht mit dem Kontaktliegen (siehe S. 141) zu verwechseln.

### Geste beim Menschen

Wenn der Hund bei einem Menschen den Kopf auflegt, kann dies eine ähnliche Bedeutung haben. Legt dein Hund den Kopf z. B. auf dein Knie und fixiert dich mit direktem Blickkontakt, kannst du versuchen, ihm die Situation unbequem zu machen oder den Kontakt zu unterbrechen und dich mit etwas anderem beschäftigen, du könntest z. B. mit dem Bein wippen. Löst dein Hund diesen Kontakt nicht, sondern fixiert noch zusätzlich und geht sogar mit dem Kopf mit, ist es ein Zeichen von starker Respektlosigkeit. Dann solltest du die Situation unterbrechen, z. B. indem du aufstehst, um in einen anderen Raum zu gehen.

Auch das Pfote-Auflegen kann der Hund abgewandelt beim Menschen zeigen, indem er z. B. eine Pfote auf deinen Fuß stellt. Auch diese Geste solltest du nicht zulassen, sondern die Situation so verändern, dass dein Hund die Pfote herunternehmen muss, indem du dich z. B. einfach einen Schritt seitlich weg bewegst.

Hardy legt den Kopf auf Martins Schulter, um mit ihm Kontakt aufzunehmen, da Martin leicht weggedreht von ihm sitzt. In diesem Fall hat die Geste keine einschränkende Bedeutung.

Das Kopf- oder Pfote-Auflegen kann der Hund z. B. dann zeigen, wenn der Mensch mit ihm in einem Restaurant oder in einer fremden Umgebung ist. Der Hund legt sich demonstrativ beschützend vor den Menschen und legt eine Pfote oder seinen Kopf auf dessen Fuß. Eine weitere Situation, in der Pfote-Auflegen gezeigt werden kann, ist z. B. beim Leinenführigkeitstraining. Der Hund setzt sich dabei neben seinen Menschen und lehnt sich mit seinem Gewicht an ihn. Dabei stellt er eine Pfote wie zufällig auf den Fuß seines Menschen. In aller Regel sind dies Gesten, die der Hund dadurch gelernt hat, indem wir Menschen dieses „ach so süße" Verhalten durch Streicheln oder einfach durch Aufmerksamkeit wie z. B. Ansprache des Hundes belohnt haben.

### Anstupsen

Stupst der Hund mit seiner Schnauze stoßweise in das Fell des anderen Hundes, provoziert er ihn. Dies zeigt sich häufig bei Hunden, die im nächsten Augenblick versuchen werden, einen anderen Hund zu besteigen. Dieses Verhalten kultivieren viele Hunde ihren Menschen gegenüber in ganz anderem Kontext. Man kann nämlich sehr häufig beobachten, wenn der Mensch beim Training Futterstücke in der Hand hält, dass der Hund dann fordernd mit seiner Schnauze an die Hand stupst, um endlich an das Futter zu kommen. Dieses Verhalten solltest du auf gar keinen Fall belohnen, indem du deinem Hund in diesem Moment ein Futterstück anbietest. Ignoriere dieses Verhalten oder korrigiere es auch, wenn dein Hund sehr aufdringlich ist, indem du ihn sofort leicht mit der Hand vor die Schnauze stupst.

Dein Hund sollte also von klein auf lernen, dass er sich beherrschen muss, wenn du ihm ein Leckerchen aus der Hand anbietest. Dazu nimmst du einen größeren Futterbrocken in die Hand und lässt deinen Hund daran schnüffeln. Das Leckerchen ist dabei vollständig in deiner Hand verborgen, sodass dein Hund es nicht nehmen kann. Nun wartest du so lange, bis dein Hund ein ruhiges und abwartendes Verhalten zeigt. In diesem Augenblick öffnest du die Hand und dein Hund darf das Leckerchen herausnehmen. Parallel dazu kannst du noch ein Signal wie z. B. das Wort „Nimm" einführen, sodass dein Hund mit der Zeit lernt, erst auf dieses Signal hin das Leckerchen zu nehmen.

Gehört dein Hund zu den stark verfressenen Typen, kann es sein, dass er anfangs überhaupt nicht zur Ruhe kommt. Er versucht ohne Unterbrechung an das Leckerchen in der Hand zu gelangen. Viele

Lilyen ist sehr verfressen und versucht durch Stupsen an das Futter in Martins Hand zu gelangen. Martin ignoriert das Verhalten von Lilyen einfach.

Australian Shepherd-Rüde Simon war zu aufdringlich gegenüber der Golden Retriever-Hündin Crispy. Diese korrigiert ihn mit einem Stups in den Hals-/Nackenbereich.

Hunde werden dann auch körperlich, sie versuchen die Hand durch Kratzen mit der Pfote oder leichtes Beißen mit den Zähnen zu öffnen. Dieses Verhalten ist nicht nur respektlos, es tut meistens auch richtig weh. In einem solchen Fall solltest du deinen Hund wieder an seine Grenzen erinnern. Stupse ihn einfach mit der geschlossenen Hand kurz und leicht vor sein Maul. Dazu ist keine große Kraft nötig, es reicht, den Hund einen kurzen Augenblick durch ein unerwartetes Verhalten aus dem Konzept zu bringen. Hat er bereits ein Abbruchsignal wie das Signal „Tabu" erlernt, gibst du dieses Signal parallel zur Korrektur. In dem Augenblick, in dem dein Hund sich überrascht zurückzieht und ruhig abwartet, öffnest du wieder deine Hand und dein Hund darf die begehrte Belohnung herausnehmen.

Zeigt ein Hund jedoch futteraggressives Verhalten, ist Vorsicht geboten. Hier muss zunächst einmal die Ursache für das Verhalten herausgefunden werden, und man sollte sich in jedem Fall professionelle Hilfe holen.

### Stups in den Hals-/Nackenbereich

Der Hund stupst mit der leicht geöffneten Schnauze in den Nackenbereich des anderen Hundes. Es ist eine kurze stoßende Bewegung, keine schiebende, drückende! Der Stups kann leicht angedeutet sein, es kann dabei aber auch leicht gezwickt werden.

## Anrempeln und Drängeln

Springt ein Hund mit der Brust gegen die Brust eines anderen oder rennt sogar hinein, ist dies eine Art Anpöbeln. Besonders körperliche Rassen wie Rottweiler, Sennenhunde oder Labrador Retriever lieben diese Art von Spiel. Doch wir sollten solche Spiele nicht unbegrenzt zulassen. Zum einen soll der Hund im Spiel nicht erst lernen, wie man am besten einen anderen Hund über den Haufen rennt oder zu Fall bringt. Zum anderen kann sich ein solches Spiel in der Dynamik schnell aufheizen und kippen. Die Grenze zwischen Spiel und Ernst ist dann auf einmal schnell überschritten, und aus besten Kumpeln werden im schlimmsten Fall dauerhafte Feinde.

Versucht dein Hund dich anzurempeln oder drängelt, solltest du dich ihm gegenüber überlegen zeigen. Weiche nicht aus und drehe dich nicht weg. Denn dadurch würde dein Hund seinen Willen bekommen und immer wieder distanzlos reagieren. Kommt dein Hund frontal auf dich zu, kannst du z. B. im letzten Moment einen ruhigen Schritt auf ihn zugehen. Hiermit rechnet dein Hund nicht und durch den verfrühten Aufprall wird er verunsichert. Du setzt dabei einfach deinen Weg unbeirrt fort. Es soll kein Dominanzgerangel entstehen, sondern durch gezieltes Korrigieren Verhalten beeinflusst werden.

Der 3-jährige Beagle-Rüde Paul reitet am Arm von Stephanie auf, als er den Futterbeutel nicht direkt bekommt. Dieses Verhalten sollte vom Menschen immer ernst genommen werden, denn der Hund schränkt den Menschen dadurch in der Bewegung ein.

## Aufreiten

Ein auf Hunden, Menschen oder Gegenständen aufreitender Hund zeigt Dominanz- oder Sexualverhalten. Hierbei springt der Hund hoch, klammert sich mit den Vorderbeinen fest um den anderen Hund, um die Person oder den Gegenstand und schiebt sein Becken nach vorn und hinten. Wenn der Hund auf Spielzeug oder einer Decke aufreitet, sollte man ihm solche Gegenstände nicht zur freien Verfügung lassen. Zeigt er dieses Verhalten, nimmt man ihm den jeweiligen Gegenstand kommentarlos weg. Wenn der Hund auf Besuchern aufreitet, sollte man ihn während dieser Zeit ablegen, sodass

Basti rempelt Buck seitlich mit der Brust an. Er versucht dabei, die Pfote aufzulegen.

Basti testet nun mit der Pfote an, ob er auf Buck vielleicht aufreiten kann.

er keine Möglichkeit mehr dazu hat. Der Besucher sollte den Hund nicht korrigieren, denn dieser spielt dem Hund gegenüber ja keine Rolle im Sozialverband. Wenn der Hund auf seinem Halter aufreitet, zeigt dies eine Problematik in der Beziehung an, der Hund verhält sich in dieser Situation dominant gegenüber dem Menschen. In diesem Fall sollte die Situation sowie die Mensch-Hund-Beziehung von einem professionellen Hundetrainer analysiert werden, um das weitere Training aufzubauen.

### Aufreiten auf anderen Hunden

Auch das Aufreiten auf anderen Hunden sollte man nur in dem Fall zulassen, in dem es gewünschtes Sexualverhalten ist, das heißt, wenn der Rüde die läufige Hündin decken soll. Und dann auch nur, wenn beide Hunde dazu bereit sind. Es gibt nämlich auch Fälle, in denen eine deckbereite Hündin, aus welchen Gründen auch immer, einen Rüden ablehnt und nicht aufreiten lässt. Dies sollte der Züchter in jedem Fall akzeptieren. Reitet ein sexuell aktiver Rüde auf einer kastrierten Hündin auf, darf man dieses Verhalten nicht zulassen. Zum einen soll die Hündin nicht lernen, dass sie sich mit Aggression diese unerwünschten Belästigungen vom Hals halten kann, zum anderen soll der Rüde nicht noch weiter seine Erregung steigern.

Einen Rüden, der z.B. auf einem anderen Rüden aufreitet, sollte man ebenfalls immer daran hindern. Auch wenn dies nicht aus sexuellem Antrieb, sondern aus dominantem Verhalten entsteht, kann dies Aggressionen der beiden Hunde herausfordern.

Manchmal wird auch frontal aufgeritten. Ein unerfahrener Rüde zeigt anfangs oft seitliches oder frontales Aufreiten bei einer läufigen Hündin, bis er dann schließlich die richtige Position gefunden hat. Oft sieht man das frontale Aufreiten aber auch unter Rüden; in diesem Fall ist es eine noch deutlichere dominante Geste als das Aufreiten von hinten, denn durch das Begrenzen nach vorn wird direkt auch die Bewegungsfreiheit deutlich eingeschränkt.

### Kommentkampf unter Rüden

Rüden streiten nur selten ernsthaft bis aufs Blut. Sie tragen ihren Streit allerdings oft sehr körperlich aus, dabei kann es durchaus sehr laut zugehen. „Mann" muss zeigen, was er hat und wie stark er ist. Beim Kommentkampf kommt es oft zu gegenseitigem Aufreiten, Pfote- und Kopf-Auflegen. Im weiteren Verlauf gehen die beiden Kontrahenten frontal aneinander hoch. Sie umklammern sich mit den Vorderbeinen, während sie auf den Hinterbeinen stehen.

Durch Auflegen beider Pfoten auf dem Rücken von Buck schränkt Basti dessen Bewegungsfreiheit ein.

Basti reitet auf Buck auf, dieser versucht sich der Bewegungseinschränkung durch Flucht zu entziehen.

## Kontaktaufnahme

### Körperpflege

Hunde lecken aus zwei Gründen. Lecken sie schnell, ist es meist ein beschwichtigendes Futterlecken, lecken sie hingegen langsam und ausdauernd, dient es partnerschaftlichem oder parentalem Pflegeverhalten. Hunde lecken allerdings ganz banal auch gern am Menschen, um Creme oder Schweiß aufzunehmen.

Einige Hunde springen Menschen zur Begrüßung an; sie versuchen dabei, den Menschen am Mund zu lecken, gerade wenn dieser sich zum Hund hinunterbeugt oder sitzt. Dieses Verhalten stammt aus der Welpenzeit. Die Welpen lecken die Maulwinkel der Mutterhündin, damit diese ihnen Futter hervorwürgt. Dieses Verhalten ist somit ein unterwürfiges Begrüßungsverhalten. Der Hund hat dabei dann auch die Ohren angelegt und klettert eher am Menschen hoch. Er springt ihm im Gegensatz

Lilyen zeigt unterwürfiges Begrüßungslecken bei Martin. Sie möchte ihm die Mundwinkel lecken, da Martin jedoch den Kopf wegdreht, leckt sie ihn am Ohr.

zur respektlosen, körperlichen Begrüßung nicht mit beiden Vorderpfoten in den Bauch. Da die meisten Menschen das Lecken im Gesicht unangenehm finden, drehen sie das Gesicht oft weg und versuchen den Hund davon abzuhalten. Am besten stehst du in einer solchen Situation einfach kommentarlos auf.

## Kontaktliegen

Ist der erwachsene Hund immer wieder darauf bedacht, so nah wie möglich am Menschen oder an einem anderen Hund zu liegen, kann dies zum einen stark kontrollierendes Verhalten sein. Dadurch, dass er immer Körperkontakt hält, will er ständige Kontrolle über die Bewegungen des anderen haben. Er möchte vermeiden, dass sich der andere Hund oder die Person ohne sein Wissen entfernt. Hündinnen tun dies auch mit ihren Welpen, damit sie bemerken, wenn sich einer entfernt.

Jedoch gibt es Kontaktliegen auch als partnerschaftliches Verhalten. Hier ist dann nicht die Kontrolle über den anderen die Motivation, sondern das Zeigen eines Zusammengehörigkeitsgefühls. Ein gemeinsames Kuscheln mit dem Hund stärkt auch beim Mensch-Hund-Team den Zusammenhalt. Wichtiges Unterscheidungsmerkmal zum kontrollierenden Kontaktliegen ist hierbei, dass partnerschaftliches Kontaktliegen immer freiwillig erfolgt und immer entspanntes Verhalten beider Partner voraussetzt.

## Der Hund auf der Couch

In Hundekreisen heiß diskutiert: Darf der Hund aufs Sofa oder sogar mit ins Bett? Hier kommt es auf die jeweilige Mensch-Hund-Beziehung an. Im Grunde spricht nichts dagegen, dem Hund auch erhöhte Liegeplätze zu gestatten, wenn einige Voraussetzungen gegeben sind. Stimmt die Beziehung, wird der Hund dadurch nicht gleich die Weltherrschaft übernehmen. Doch sollte der Hund jederzeit den Platz räumen, wenn du es von ihm verlangst. Noch besser: Er geht nur aufs Sofa, wenn du es ihm erlaubst. Denn dadurch ist gewährleistet, dass er beim Besuch bei Tante Trude nicht ebenfalls das gute Stück in Beschlag nimmt. Irgendwo hört die Gastfreundschaft auch einmal auf. Auch in Ferienwohnungen oder Hotels dürfen Hunde weder aufs Sofa noch ins Bett. Deshalb solltest du dir vorher ein paar Gedanken machen, was du deinem Hund erlaubst und was nicht – besonders wenn du gern zu Freunden oder auf Reisen gehst. Verteidigt dein Hund jedoch seinen Platz auf dem Sofa, solltest du dir dringend Hilfe von einem Profi holen.

Kontaktliegen: Ginala liegt auf Andrea, schmiegt sich eng an sie und genießt, dass diese ihren Arm um sie legt.

### Allogrooming

Allogrooming wird häufig von befreundeten Hunden oder von der Mutter gegenüber ihren Welpen gezeigt. Hierbei wird die gegenseitige Bindung bestätigt und stabilisiert. Zu beobachten ist dies meist nur in entspannten Situationen. Für Menschen mag dieses Verhalten nicht so zärtlich aussehen, wie es unter den Hunden gemeint ist.

Sie fassen und beknabbern sich gegenseitig mit den Zähnen. Besonders bei Erwachsenen spielt der Kopf-, Hals- und Schulterbereich eine wichtige Rolle. Dabei ist auch zu beobachten, wie der eine Hund die Schnauze, den Kopf oder den Nacken des anderen vorsichtig mit seiner geöffneten Schnauze umschließt. Häufig liegen die beiden Hunde dabei auch völlig entspannt nebeneinander (Schöning, 2001). Das weit geöffnete Maul symbolisiert hier auch die Beißhemmung, sodass allen Beteiligten klar ist, dass keine ernste Aggression im Spiel ist.

Für Hunde ist der Austausch von Zärtlichkeiten in einer Beziehung wichtig. Dies kann man immer wieder beobachten, wenn zwei Hunde, die sich mögen, in einer Familie leben. Da schleckt der eine Hund dem anderen die Ohren aus, während der andere dem Partner mit den Zähnen das Fell durchwühlt. Dies sieht zwar für uns Menschen nicht unbedingt zärtlich aus, ist aber für die Hunde ein absoluter Genuss.

Du kannst dieses hundliche Verhalten nachahmen, indem du mit der Hand so richtig fest durch das Fell kraulst. Dabei finden Hunde dies besonders an Stellen wie der Kruppe oder dem Hals-Nacken-Bereich sehr angenehm. Durch ein solches Verhalten lernt dein Hund, sich bei dir zu entspannen und vollkommen wohl zu fühlen, es stärkt die Mensch-Hund-Beziehung.

Auch bei der Durchführung von Pflegemaßnahmen wie z. B. dem Bürsten bei langhaarigen Hunden kann dieses Verhalten nachgeahmt werden. Gewöhnst du deinen Hund vorsichtig und in einer entspannten Situation an das Bürsten des Fells, wird er es genießen. Natürlich musst du besonders bei Knoten und Verfilzungen aufpassen, denn fügst du deinem Hund beim Bürsten Schmerzen zu, wird er schnell eine Abneigung dagegen entwickeln.

Auch wir Menschen können also durch Kuscheln, Kontaktliegen und Kraulen die Beziehung zu unserem Hund fördern. Hunde lernen dadurch, vorsichtig mit uns umzugehen, merken schnell, dass unsere Haut viel empfindlicher ist als das Fell, und dass sie mit ihren Krallen und Zähnen besonnener umgehen müssen. Sie lernen aber auch, dass es nicht schlimm ist, wenn wir uns einmal über sie beugen, sie in den Arm nehmen oder direkt anschauen. Nähe schafft Vertrauen und Vertrauen ist die Basis einer guten Mensch-Hund-Beziehung.

Gaia und Milka sind vertraut miteinander. Sie genießen das Kontaktliegen und gegenseitige Allogrooming.

## Beißhemmung

Möglich ist sanftes Verhalten nur dann, wenn die Hunde in ihrem bisherigen Leben die Möglichkeit hatten, ihre Beißhemmung zu trainieren. Von Natur aus sind Hunde in der Lage, mit ihren Kiefern Knochen zu zerkauen, zu reißen, zu verletzen und

Yanni genießt die Fellpflege durch Ramona. Sie liegt vollkommen entspannt auf der Seite und döst.

auch zu töten. Da der Hund aber sozial in einer Gruppe lebt, müssen die Mitglieder der Gruppe versuchen, so gut es geht miteinander auszukommen, ohne sich mit ihren Waffen ständig schwere Verletzungen zuzufügen.

Trainiert wird dies bereits bei Welpen, die mit ihren kleinen spitzen Zähnen sehr schmerzhaft zubeißen können. „Hunde sind nicht mit einem weichen Fang geboren, aber in der Lage, die Fähigkeit des weichen Beißens zu entwickeln, soweit die Bedingungen hierfür stimmen" (Donaldson, 2000). Untereinander beißen und zwicken sich die Welpen ständig spielerisch und lernen so, was geschieht, wenn sie zubeißen bzw. wenn sie zu fest zubeißen. Ihre Wurfgeschwister geben ihnen direkte Rückmeldung über ihr Verhalten. War der Biss wenig schmerzhaft, spielen sie vielleicht weiter oder quieken kurz auf; war der Biss schmerzhaft, werden sie fiepen, bis der Schmerzreiz erlischt oder das Spiel sofort beenden. Auf diese Weise lernt der Hund, seine Kräfte einzuschätzen und herrliche Spiele mit seinen Artgenossen nicht so schnell enden zu lassen. Beißt er weiterhin zu fest zu, wird keiner mehr mit ihm spielen wollen. Oder der Gebissene beißt noch fester zurück.

## Beißhemmung gegenüber Menschen

Kommt der Welpe mit acht Wochen vom Züchter zu dir und deiner Familie, hat er durch den Umgang mit seinen Geschwistern bereits gelernt, dass man nicht unbegrenzt fest zubeißen darf. Denn die Geschwister haben dann das Spiel einfach beendet oder aber selbst zurückgebissen. Nun muss der Welpe noch lernen, dass man mit Menschen noch vorsichtiger umgehen muss als mit Artgenossen. Denn wenn der Welpe das Geschwisterchen im Fell packt, passiert diesem dabei in der Regel nichts.

Die Menschenhaut wäre bei einem solchen „Spiel“ durch die spitzen scharfen Zähne des Welpen aber bereits stark verletzt.

Hier ist es nun deine Aufgabe, deinem Welpen die Beißhemmung gegenüber Menschen beizubringen. Dazu eignen sich Kuschel- und Tobespiele auf dem Boden. Du beginnst, den Welpen zu streicheln und mit der Hand durch sein Fell zu kraulen. Reagiert er darauf nun mit dem Einsatz seiner Zähne und nimmt deine Hand ins Maul, um darauf herumzubeißen, gibt es zwei Möglichkeiten zu reagieren. Du stehst in diesem Augenblick einfach sofort auf und beendest das schöne Spiel ohne Kommentar. Der Welpe sollte dann noch einige Zeit ignoriert werden, bevor er erneut die Möglichkeit zum Sozialkontakt bekommt. Du kannst zudem beim Aufstehen einen Schmerzschrei ausstoßen; diesen kennt dein Welpe bereits von seinen Geschwistern.

### Grenzen setzen

Manche Welpen lernen aber allein durch Ignoranz nicht, wo ihre Grenzen sind. In einem solchen Fall musst du deinem Hund durch eine artgerechte Korrektur zeigen, dass du mit diesem Verhalten nicht einverstanden bist. Hierzu bietet sich z. B. der Schnauzgriff an, den bereits die Mutterhündin als Korrekturmaßnahme angewendet hat, wenn ein Welpe es übertreibt. Sie greift dazu einmal fest mit der Schnauze über den Fang des Welpen. Dabei knurrt sie, damit der Welpe lernt, beim nächsten Mal bereits auf das Knurren hin sein Verhalten einzustellen. Du kannst diese Korrektur mit deiner Hand nachahmen, indem du einmal fest über den Fang deines Welpen greifst. Dabei sprichst du ein Signalwort wie z. B. „Tabu“ aus, damit dein Welpe lernt, in Zukunft bereits auf dieses Signal hin die unerwünschte Handlung einzustellen. Bei dieser Korrektur brauchst du übrigens keine Angst zu haben, dass dein Welpe dadurch handscheu wird. Denn die Hand wird ja, genauso wie die Schnauze der Mutter, nicht nur zur Korrektur, sondern im überwiegenden Fall zu angenehmen Streicheleinheiten eingesetzt.

## Zerrspiel ja, aber mit ein paar Regeln

Ein Zerrspiel ist im Grunde genommen nichts anderes als ein Streit um eine Beute, das auch Hunde untereinander gern ausführen. Daher muss man einige Regeln beachten, wenn man mit seinem Hund diese Art von Spiel durchführt.

Hunde, die bei einem Beutestreit zu aggressivem Verhalten neigen, indem sie z. B. den Menschen in den Arm zwicken oder in die Hände beißen, sollte man nicht mit Zerrspielen beschäftigen. Denn dadurch würde dieses Verhalten weiter verstärkt, der Hund fährt dabei so hoch, dass er schnell einmal eine Grenze überschreitet. Variiere bei solchen Hunden lieber das Spiel zu einem Apportierspiel. Auch Apportierspiele kannst du dynamisch gestalten, sodass dein Hund richtig Körpereinsatz zeigen muss. Lass deinen Hund doch einmal richtig hoch nach dem Ball springen, bevor du ihn wirfst, damit dein Hund den Ball apportiert. Bei dieser Spielvariante gibt es regelrechte Sprungkünstler.

### Abgeben auf Signal („Aus“)

Bei einem Zerrspiel muss der Hund als Erstes lernen, einen Gegenstand auf ein Signal von uns wieder herauszugeben. Denn nur so können wir auch bei einem Zerrspiel entscheiden, ob unser Hund die Beute erringen darf oder ob wir das Spiel beenden und die Beute für uns behalten. Wir müssen also nicht immer ein Zerrspiel gewinnen, entscheiden jedoch jedes Mal, wer gewinnt.

Das Training für das Signal „Aus“ beginnst du zunächst einmal in einer entspannten Situation. Denn bei einem Zerrspiel kommen schnell Emotionen auf; dein Hund ist angespannt und wird hier nicht für ein neues Signal empfänglich sein. Du gibst deinem Hund nun eine Beute. Diese Beute sollte ihn zwar interessieren, sie sollte aber nicht das absolute Highlight für ihn darstellen. Nachdem dein Hund sich eine Zeitlang mit der Beute beschäftigt hat, nimmst du eine andere spannende Beute oder aber ein besonders gutes Leckerchen

Für viele Hunde ist ein Apportierspiel mit viel Action besser geeignet als ein Zerrspiel. Beim Streit um die Beute kann es schnell auch einmal zu wild werden.

in die Hand und bietest dieses deinem Hund an. In dem Augenblick, in dem dein Hund nach dem Tauschobjekt greift und dabei die bisherige Beute loslässt, nimmst du die Beute in die Hand und gibst deinem Hund gleichzeitig das Signal „Aus“. Dein Hund bekommt dann sofort das Tauschobjekt zur Belohnung. Hat dein Hund das Signal „Aus“ verstanden und führt es zuverlässig aus, kannst du es auch bei Zerrspielen einsetzen. Nach einem kurzen Zerrspiel machst du eine Pause und beendest das Spiel mit dem Signal „Aus“. Das Signal „Aus“ bedeutet aber nicht, dass das Spiel jetzt für immer beendet ist. Du kannst danach sofort wieder mit deinem Hund weiterspielen.

# Service

## Nützliche Adressen

**Martin Rütter DOGS**
Die Hundeschulen für Menschen
www.martinruetter.com/hundeschulen

## Hundeverbände

**Verband für das Deutsche Hundewesen (VDH)**
Westfalendamm 174
44141 Dortmund
Telefon: +49 (0) 231 565 00-0
E-Mail: info@vdh.de
Internet: www.vdh.de

**Österreichischer Kynologenverband (ÖKV)**
Siegried Markus Straße 7
2362 Biedermannsdorf
Telefon: +43 (0) 2236 710 667
E-Mail: office@oekv.at
Internet: www.oekv.at

**Schweizerische Kynologische Gesellschaft (SKG)**
Sagmattstraße 2
4710 Balsthal
Telefon: +41 (0) 31 306 62 62
E-Mail: info@skg.ch
Internet: www.skg.ch

## Martin Rütter im Kosmos-Verlag

**Hundetraining** – Aufbau einer guten Beziehung und alle wichtigen Signale Schritt für Schritt erklärt.

**Welpentraining** – Auswahl, Tipps und Übungen für die ersten Monate mit dem Welpen/Junghund.

**DOGS Hundeführerschein** – Vorbereitung auf die theoretische und praktische Prüfung in den DOGS Hundeschulen.

**Problem gelöst!** – Ob Ziehen an der Leine oder Anspringen, hier findet man Wege aus dem Dilemma.

**Hunde beschäftigen** – Für jeden Hundetyp die passende Beschäftigung.

**Hund und Kind** – Der Beratungscoach für Familien, damit das Zusammenleben problemlos klappt.

**Hundesenioren** – Hier findet man viele Tipps, das Leben alter Hunde mit Freude zu gestalten.

**Angst bei Hunden** – Hier erfährt man, wie man mit den Ängsten seines Hundes umgehen kann und welche Hilfestellungen es gibt.

**Haltung mehrerer Hunde** – Richtige Auswahl und Regeln im Zusammenleben.

**Jagdverhalten bei Hunden** – Aufbau eines zuverlässigen Rückrufs und alternative Beschäftigung.

Bei der Ansprache im Text sind alle drei Geschlechter gemeint. Wir nutzen jedoch die männliche Form. Dadurch wird das Buch leichter lesbar. Dafür bitten wir um Verständnis.

## Quellen


Aldington, Eric H. W. (1986): **Von der Seele des Hundes.** Wesen, Psychologie und Verhaltensweisen des Hundes. Gollwitzer Verlag, Weiden

Bloch, Günther (1998): **Der Wolf im Hundepelz.** Hundeerziehung aus einer anderen Perspektive. Westkreuz-Verlag, Berlin/Bonn

Bloch, Günther (2001): **Der Familienbegleithund im modernen Hausstand.** Verhaltensbeobachtungen an Menschen und ihren Hunden. Westkreuz-Verlag GmbH, Berlin/Bonn

Bloch, Günther und Peter Dettling (2009): **Auge in Auge mit dem Wolf.** 20 Jahre unterwegs mit frei lebenden Wölfen. Kosmos, Stuttgart

Coren, Stanley (2002): **Die Geheimnisse der Hundesprache.** Lernen Sie Ihren Hund verstehen und mit ihm zu kommunizieren. Kosmos Verlag, Stuttgart

Donaldson, Jean (2000): **Hunde sind anders… Menschen auch.** So gelingt die problemlose Verständigung zwischen Mensch und Hund. Kosmos Verlag, Stuttgart

Feddersen-Petersen, Dorit (1986): **Hundepsychologie.** Wesen und Sozialverhalten. Kosmos Verlag, Stuttgart

Gansloßer, Udo (2007): **Verhaltensbiologie für Hundehalter.** Kosmos Verlag, Stuttgart.

Hallgren, Anders (1995): **Lehrbuch der Hundesprache – Mit dem Hund auf du.** Oertel+Spörer, Reutlingen

Molcho, Samy (2001): **Alles über Körpersprache.** Mosaik Verlag

Neville, Peter (1992): **Versteh' deinen Hund.** Müller Rüschlikon Verlag, Stuttgart

O'Heare, James (2004): **Das Aggressionsverhalten des Hundes.** Ein Arbeitsbuch. animal learn Verlag, Grassau

Schöning, Barbara (2001): **Hundeverhalten.** Kosmos Verlag, Stuttgart

# NOCH MEHR **MARTIN RÜTTER**

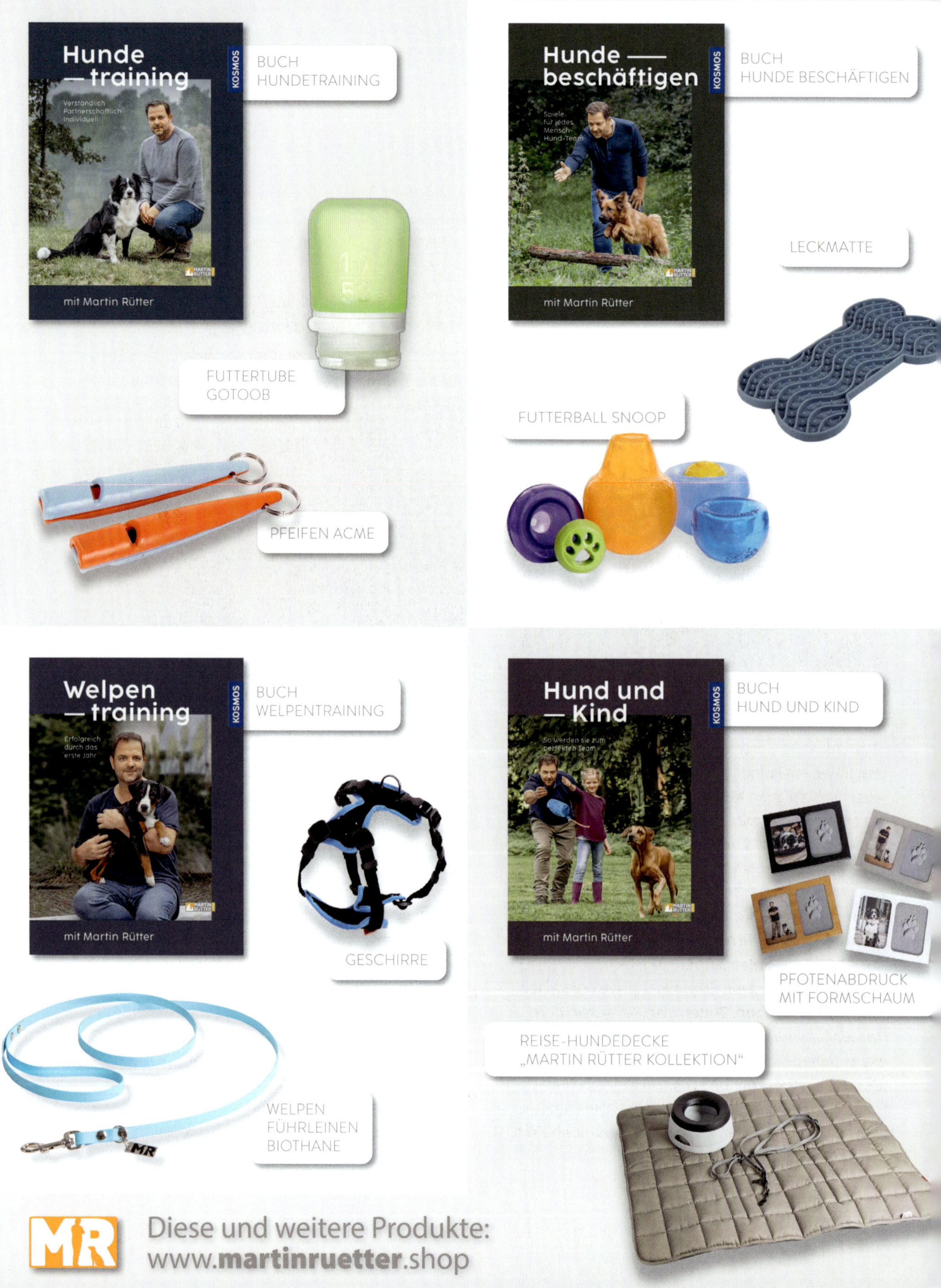


Diese und weitere Produkte:
www.**martinruetter**.shop

# Die Autoren

Martin Rütter gründete 1995 sein „Zentrum für Menschen mit Hund", in dem er nach neuesten wissenschaftlichen Kenntnissen aus der Verhaltensforschung seine Trainingsphilosophie DOGS aufbaute und diese bis heute weiterentwickelt. Mittlerweile gibt es in vielen Ländern Europas Hundeschulen, die nach DOGS arbeiten und in denen vor allem der Mensch im Vordergrund steht und mit seinen Problemen ernst genommen wird.
Doch auch das Entertainment hat es Martin Rütter angetan, und es ist ein Erlebnis, ihn live auf seinen Tourneen zu erleben. Zudem setzt er sich in den Medien für eine bessere Mensch-Hund-Beziehung ein. In seinen TV-Sendungen „Der Hundeprofi" und „Der VIP-Hundeprofi" hilft Deutschlands beliebtester Hundeexperte auch in schwierigen Fällen. Auf RTL berät er in „Die Welpen kommen" Neuhundehalter von Anfang an.

Andrea Buisman lebt in Zülpich bei Köln mit ihren Labrador Retrievern, mit denen sie aktiv die verschiedensten Beschäftigungsformen für Mensch und Hund ausübt. Hierzu zählen z. B. Agility, Apportiertraining, Jagdliches Training und Zughundesport. Sie ist seit 2003 im Team von Martin Rütter. Abgesehen von ihren Spezialgebieten „Mehrhundehaltung" und „Jagdverhalten" ist sie gefragte Referentin für Trainerfortbildungen zu Themen wie „Welpen" oder „Aggression bei Hunden". Sie bildet angehende DOGS Coachs aus und ist für die fachliche Betreuung des Netzwerkes der DOGS Hundeschulen zuständig. Auch das neue Angebot, den DOGS Hundeführerschein, hat sie mit entwickelt und leitet hier die Fortbildungen in den DOGS Hundeschulen.
Andrea Buisman züchtet zudem Labrador Retriever im Deutschen Retriever Club unter dem Zwingernamen „Speed'n Style".

160 Seiten

Ob Besuch-Anspringen, Nicht-allein-bleiben-Können, An-der-Leine-Ziehen, Aggression gegen Artgenossen an der Leine oder auf dem Spaziergang alles fressen, auch Giftköder – die Probleme im Hundealltag sind so vielfältig wie die Vierbeiner und ihre Halter. „Hundeprofi" Martin Rütter weiß, wie belastend unerwünschtes Verhalten für die Mensch-Hund-Beziehung sein kann. Einfühlsam beschreibt er die häufigsten Probleme, klärt über die Ursachen auf und bietet erprobte Lösungen.

---

Furcht vor Donnergrollen, Panik beim Auto- oder Bahnfahren, Angst vor Artgenossen – ängstliche Hunde liegen Martin Rütter besonders am Herzen, denn diese leiden oftmals still und ihre Menschen mit ihnen. Auch Hunde aus dem Tierschutz, die mit einem neuen Lebensumfeld konfrontiert werden, sind häufig davon betroffen. Zusammen mit Co-Autorin Andrea Buisman erklärt der Hundeprofi, wie man die ersten Anzeichen von Angst und Unsicherheit erkennt, welche Ursachen dahinterstecken und welche Möglichkeiten es gibt, seinem Hund mehr Selbstvertrauen und damit mehr Lebensqualität zu geben.

176 Seiten

240 Seiten

In Martin Rütters Netzwerk DOGS gibt es ein neues Angebot: den DOGS Hundeführerschein. 240 Fragen rund um Erziehung, Training, Kommunikation, Lernverhalten u.v.m. wurden auf neuesten wissenschaftlichen Erkenntnissen in einem Frage-Antwort-Katalog entwickelt und werden in einer theoretischen Prüfung abgefragt. Im praktischen Teil werden unter Anleitung von Coachs aus dem DOGS Netzwerk Grundsignale und Alltagssituationen geübt. Dieses Buch vermittelt alle Kursinhalte und unterstützt bestens bei der Vorbereitung auf die Prüfung.

---

Auch Hunde werden immer älter. Hundesenioren sind langsamer, die Spazierwege werden kürzer, doch die Bindung zwischen Mensch und Hund wird nochmals intensiver. Graue Schnauzen sind ungern allein, brauchen ihren menschlichen Partner und viel Zuwendung. Martin Rütter und Andrea Buisman zeigen, an was alte Hunde besondere Freude haben, wie man sie möglichst lange fit hält und worauf man Rücksicht nehmen muss. Auch Alterskrankheiten und das Thema Abschied werden besprochen. Zudem gibt es viele Erfahrungsberichte von Hundehaltern über ihre vierbeinigen Senioren. Der umfassende Ratgeber für eine ganz besondere Zeit der Innigkeit.

160 Seiten

# Register

## Bildnachweis

220 Farbfotos wurden von Klaus Grittner für dieses Buch aufgenommen.
Weitere Farbfotos von Andrea Buisman (16: S. 22, S. 24, 25, 26, 27, 28, 29, 30, 31, 32, 33).



## Impressum

Umschlaggestaltung von GRAMISCI Editorialdesign, München unter Verwendung von zwei Farbfotos von Jelena Filipinski-Schult.

Mit 239 Farbfotos.

Alle Angaben in diesem Buch erfolgen nach bestem Wissen und Gewissen. Sorgfalt bei der Umsetzung ist indes dennoch geboten. Der Verlag und die Autoren übernehmen keinerlei Haftung für Personen-, Sach- oder Vermögensschäden, die aus der Anwendung der vorgestellten Materialien, Methoden oder Informationen entstehen könnten.



Gedruckt auf chlorfrei gebleichtem Papier

2. überarbeitete und aktualisierte Auflage.

Pfizerstraße 5–7, 70184 Stuttgart
kosmos.de/servicecenter

ISBN 978-3-440-17456-2
Redaktion: Hilke Heinemann
Gestaltungskonzept: GRAMISCI Editorialdesign, München
Gestaltung und Satz: Atelier Krohmer, Dettingen/Erms
Produktion: Nina Renz, Carolin Wacker
Druck und Bindung: FIRMENGRUPPE APPL, aprinta druck, Wemding
Printed in Germany / Imprimé en Allemagne

FSC
www.fsc.org
MIX
Papier | Fördert gute Waldnutzung
FSC® C004592

MARTIN RÜTTER
LIVE
DER WILL NUR SPIELEN!
„DER WILL NUR SPIELEN!“ – die neue Live-Show mit und von Martin Rütter.
Fachlich fundiert. Erbarmungslos ehrlich. Und natürlich wieder zum Bellen komisch.
Termine und Tickets: www.martin-ruetter-live.de